Little

问东问西小百科

怪怪自然

南极和北极，哪边更冷？

总策划/邢涛　主编/龚勋

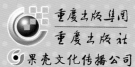
重庆出版集团
重庆出版社
果壳文化传播公司

巧问妙答
在千奇百怪的问题中成长!

好奇是成长的原动力

世界,对于孩子而言,总是那么新奇无比、变化多端。在成年人眼里再普通不过的事物,到了孩子们的眼里却能幻化出新鲜的东西,吸引他们去刨根问底。可以说,处在童年时期的每一个孩子都是一个"问题"小孩,他们的小脑袋瓜里装满了千奇百怪的小问号。

什么动物不喝水也能活?南极和北极,哪边更冷?宇航员在太空怎么尿尿?妈妈,我可以站着睡觉吗?小孩为什么不能当总统?……有时,孩子们这些天马行空的"为什么",还真令爸爸妈妈们头疼。各位爸爸妈妈,想解决这个难题吗?让《问东问西小百科》来帮你们的忙吧。

本丛书分《怪怪动物》《怪怪自然》《怪怪科学》《怪怪人体》《怪怪生活》五册,精心收集了孩子们最感兴趣的话题。动物、自然、科学、人体、生活……只要孩子们能发现问题的地方,本丛书都能给予科学而翔实的解答!

让每位孩子都成为"万事通"

　　本丛书是一套真正能满足孩子们求知欲的亲子读物！书中语言浅显易懂、生动有趣，每个问题都配有大量精美的图片，在轻松愉快的氛围中为孩子们答疑解惑。同时，我们还设置了与主题紧密相关的"智慧小考官"栏目，以求进一步拓展孩子们的视野，为孩子们展示出一个精彩无限的世界。

　　好奇中产生知识，知识里萌发兴趣。孩子们那些看似天马行空、不着边际的疑问，实则蕴含着很多科学道理。希望这套书能向孩子们诠释出未知世界的美丽，引领他们一步步走进科学园地，在知识的海洋里尽情畅游！

● 地球长什么样呢? ·········· 1

● 地球多大年纪了? ·········· 2

● 为什么说地球像个大梨子? ····· 4

● 地球里面有什么? ·········· 6

● 南极和北极,哪边更冷? ······· 8

● 为什么会有白天和黑夜? ······ 10

● 为什么地球围着太阳打转? ····· 12

● 为什么指南针能指示方向? ····· 14

● 地球大气层是如何形成的? ····· 16

● 为什么地球要"震怒"? ······· 18

● 为什么火山会"发火"? ······· 20

● 岩石是怎么形成的? ·········· 22

● 土壤是怎么形成的? ·········· 24

● 海水为什么咸咸的? ·········· 26

● 大海为什么会有潮汐? ·········· 28

● 海底世界是什么样的? ·········· 30

● 大海为什么会发脾气? ·········· 32

● 为什么湖泊有咸淡之分? ········· 33

● 为什么有的岛屿会捉迷藏? ········ 34

● 山脉是怎么"长"出来的? ········· 36

● 为什么冰川会移动? ·········· 38

● 为什么河流是弯曲的? ·········40

● 瀑布是怎样飞流直下的? ·······42

● 盆地是"挖"出来的吗? ········44

● 平原是怎么形成的? ··········46

● 沙漠是怎样出现的? ··········48

● 为什么沙漠中有绿洲? ········50

● 为什么地球上会有各种气候? ····52

● 为什么说森林是个绿色空调? ····54

● 为什么山上的气温比地面低? ····56

● 为什么晴空是蔚蓝色的? ······57

● 为什么可以看云识天气? ······58

● 天上为什么会下雨? ··········60

● 雷电是怎么产生的? ·······62

● 为什么雨后会出现彩虹? ·······64

● 露和霜是一回事吗? ·········66

● 雾是如何形成的? ··········68

● 为什么雪花有六个瓣? ·······70

● 绚丽的极光是如何出现的? ······71

● 植物是吃什么长大的? ·······72

● 植物有没有好朋友? ·········74

● 植物会自己播种吗? ·········76

● 种子是怎么长成幼苗的? ·······78

● 幼苗为什么能长成大树? ·······80

● 树的年龄怎么看? ··········82

● 树木需要呼吸吗? ·········84

● 为什么树木在秋天会落叶? ·······86

目录 CONTENTS

- 森林里的树为什么不用浇水？ ···· 88
- 为什么草和树都是绿色的？ ······ 90
- 为什么叶子的形状不一样？ ······ 92
- 叶片上为什么会长"筋"？ ········ 93
- 仙人掌为什么要长刺？ ·········· 94
- 含羞草为什么会害羞？ ·········· 96
- 杨树为何挂满"毛毛虫"？ ········ 97
- 为什么花有多种颜色？ ·········· 98
- 花都有香味吗？ ·············· 100

- 无花果真的不开花吗？ ········· 101
- 棉花是花吗？ ················ 102
- 洋葱头是根还是茎？ ·········· 103
- 为什么向日葵向着太阳？ ······· 104
- 为什么韭菜割了还能再长？ ····· 106
- 肚里的西瓜子会长苗吗？ ······· 107
- 为什么水果大多为圆球形？ ····· 108
- 为什么水果有酸有甜？ ········· 110
- 为什么看不到香蕉的种子？ ····· 112

地球长什么样呢?

dì qiú zhǎng shén me yàng ne

蔚蓝色的地球

wǒ men měi tiān shēng huó zài dì qiú shang　kě shì wǒ
我们每天生活在地球上,可是我

men què kàn bu jiàn tā de yàng zi　yīn wèi dì qiú hěn
们却看不见它的样子,因为地球很

dà hěn dà　ròu yǎn néng kàn dào de zhǐ shì wǒ men shēn
大很大,肉眼能看到的只是我们身

biān de yì diǎn jǐng sè　dì qiú jiū jìng zhǎng shén me yàng ne
边的一点景色,地球究竟长什么样呢?

cóng tài kōng yáo wàng dì qiú　kàn dào de shì yí gè lán sè de dà yuán qiú　yīn wèi dì
从太空遥望地球,看到的是一个蓝色的大圆球。因为地

qiú　de miàn jī shì bèi shuǐ fù gài de　shèng xià de　cái shì lù dì
球71%的面积是被水覆盖的,剩下的29%才是陆地。

从太空遥望地球

地球多大年纪了？

虽然地球46亿岁了，但是它却处于壮年期。

46亿年前

地球像其他事物一样，也有产生、发展和消亡的过程。早在人类出现之前，地球就存在了，谁知道地球有多大岁数呢？科学家们根据自然界中放射性元素物质的年龄推断出，地球的年龄应该在46亿岁左右，与人的年龄相比，这简直是天文数字。那

No.1

火山灰覆盖了天空，降低了大气温度，大量降水促使原始海洋形成。

刚诞生的地球是炽热的，熔化的岩浆从地表裂缝向外喷射。

No.2

原始海洋中的各种物质不断地相互作用，逐渐形成了原始生命。

No.3

经过30多亿年的演变，地球大气和海洋的成分发生了巨大变化。

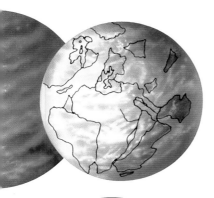

地球的形成演化历程

迄今为止,地球是人们所知的宇宙中唯一有生命存在的星球。

me dì qiú shì zěn me xíng chéng de ne kē xué jiā tuī cè
么地球是怎么形成的呢?科学家推测,

yín hé xì li céng fā shēng guo yí cì bào zhà dì qiú jiù shì
银河系里曾发生过一次爆炸,地球就是

zài zhè cì dà bào zhà hòu zhú jiàn chǎn shēng de
在这次大爆炸后逐渐产生的。

智慧 小考官

地球上的生命是如何起源的?

地球最初的生命起源于原始海洋,它们是最简单的细菌和藻类。后来,一些组织结构比较复杂的植物陆续出现。大约在6亿年前,原始海洋中诞生了小型软体动物,地球生命开始繁盛。

地球是浩瀚的宇宙空间中的一个小小的成员。

为什么说地球像个大梨子？

地球的形状像一只超大个的鸭梨。

大家都知道，地球是球形的。可你们知道吗？地球并不像篮球、足球那样是很规则的圆球体，而是一个梨子形状的椭圆球体。原来，地球时刻都在以一个轴为中心自转着。不过，地球的自转轴是科学家们为了描述地球自转而假定存在的。由于物体

地球并不像篮球呈规则圆形。

原来,地球并不像我们看到的这样圆!

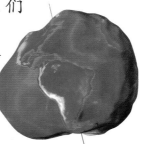
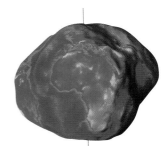

由于自转的作用,地球呈不规则的椭圆形。

把罐子以圆周方向转动，弹球会绕罐壁打转，这是离心力在起作用。

zài zuò yuán zhōu yùn dòng
在 做 圆 周 运 动

de shí hou huì chǎn shēng
的 时 候 会 产 生

lí xīn lì suǒ yǐ dì
离 心 力 , 所 以 地

qiú zì zhuàn shí huì shòu dào lí xīn lì de zuò yòng zài jiā
球 自 转 时 会 受 到 离 心 力 的 作 用 , 再 加

shàng dì qiú nèi bù de wù zhì fēn bù bù jūn yún dì
上 地 球 内 部 的 物 质 分 布 不 均 匀 , 地

qiú de xíng zhuàng jiù biàn de hěn fù zá chì dào bù fen
球 的 形 状 就 变 得 很 复 杂 , 赤 道 部 分

lüè gǔ liǎng jí bù fen lüè biǎn zhěng tǐ xíng zhuàng jiù
略 鼓 , 两 级 部 分 略 扁 , 整 体 形 状 就

xiàng yí gè dà lí zi le
像 一 个 大 梨 子 了 。

智慧 小考官

谁第一次证实了地球是球体？

1519 年，葡萄牙航海家麦哲伦率领船队从西班牙出发，向西航行。船队横渡大西洋，穿越太平洋，最后在 1522 年 9 月回到西班牙。这次伟大的航行第一次证实了地球是个大球体。

最早进行环球航行的航海家——麦哲伦

古人的地球观

古埃及人认为大地呈长盘形，周边高起，中央低凹，大地漂浮在海上，天由高山支撑着。

古印度人认为陆地由几千只大象支撑着，更大的象支撑着包括海在内的半球状大地，支撑象的是一只大龟，龟由蛇来支配。

中世纪，欧洲人认为平坦的大地被天空所覆盖，大地中央有大山，当太阳躲在山的背后时，夜晚就来临了。

看看地球里面到底有什么!

地球里面有什么?
dì qiú lǐ miàn yǒu shén me

地球上有高山大海，还有河流和湖泊，
dì qiú shang yǒu gāo shān dà hǎi　hái yǒu hé liú hé hú pō

那么地球里面有什么呢？事实上，地
nà me dì qiú lǐ miàn yǒu shén me ne　shì shí shang　dì

球像夹心糖一样，里面包着许多圈层。这些圈层可以粗
qiú xiàng jiā xīn táng yí yàng　lǐ miàn bāo zhe xǔ duō quān céng　zhè xiē quān céng kě yǐ cū

略地分为地壳、地幔和地核三部分。最外面的地壳像糖
lüè de fēn wéi dì qiào　dì màn hé dì hé sān bù fen　zuì wài miàn de dì qiào xiàng táng

衣一样，里面包着糖果——地幔，地幔也像一层糖衣一样
yī yí yàng　lǐ miàn bāo zhe táng guǒ　dì màn　dì màn yě xiàng yì céng táng yī yí yàng

智慧 小考官

地核被压在最里面，它能运动吗？

科学家们认为，地核内部是一个不平静的世界，它里面的各种物质始终处于运动之中，而且，地核内部还可能因为受到太阳和月亮的引力而发生有节奏的震动呢!

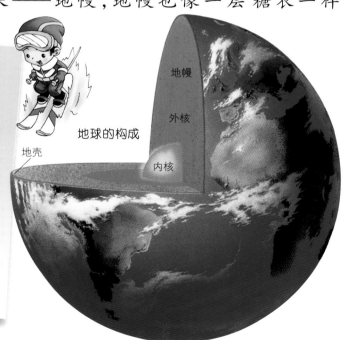

地球的构成

地幔

外核

内核

地壳

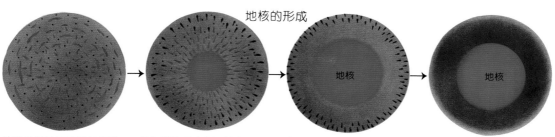

地核的形成

铀等放射性元素释放出的
热使地球内部变热。

铁和镍等重金属开始在
中心周围沉积。

向地心沉积的铁和镍开始
形成地核。

地核在中心形成，地表冷却，
大陆地壳开始形成。

包裹着糖心——地核。科学家推测，地球最初非常热，处

于熔融状态。后来由于重的物质下沉，轻的物质上浮，

最终导致重的物质都集中到地球中

心去了，轻的物质浮在外层，冷

却以后变成坚硬的地壳。

就这样，地球里面就

形成了许多的

圈层。

地球内部并不平静，
物质在不停运动，
导致了板块漂
移和海底扩张。

地球表面的构造与地球内部有
所不同。

地幔

对流

地核

地壳

南极和北极,哪边更冷?

nán jí hé běi jí nǎ biān gèng lěng

南北两极分处地球两端,被阳光照射的时间很少,因此非常寒冷。但是,南极和北极是一样冷的吗?不是的,南极比北极更冷一些,为什么呢?原来,南极地区主要是南极大陆,而陆

南极的浮冰

企鹅生活在寒冷的南极地区。

怪怪自然

北极是被大陆包围着的大洋。

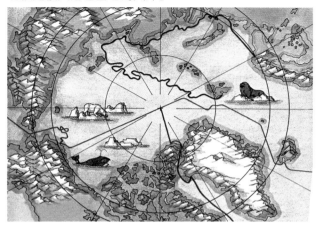

智慧 小考官

南极冰盖是什么?

南极冰盖指的是长期覆盖在南极大陆上的冰体。南极冰盖包含了世界上淡水总量80%的淡水资源。

地热容量小,储热能力差,且南极大陆常年覆盖着冰层,风又非常大,因此是地球上的"寒极"。北极地区则主要是被大陆包围着的北冰洋,海水的热容量比陆地大,夏天会存储较多的热量,且北极没有南极那么多的冰层,风力也比南极小很多,所以没有南极寒冷。

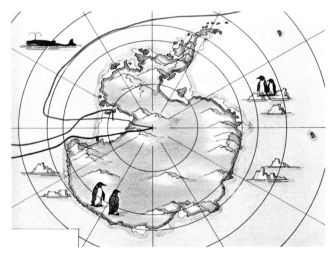

南极是被大洋包围着的大陆。

wèi shén me huì yǒu bái tiān hé hēi yè
为什么会有白天和黑夜？

在南极，一年中半年是持续的白天，半年是持续的黑夜。

měi tiān dāng tài yáng shēng qi lai de
每天，当太阳升起来的

shí hou bái tiān jiù kāi shǐ le
时候，白天就开始了，

ér dāng tài yáng luò xià shān
而当太阳落下山

shí yè mù yě jiù jiàng
时，夜幕也就降

lín le wèi shén me huì
临了，为什么会

yǒu bái tiān hé hēi yè ne yuán lái wǒ men
有白天和黑夜呢？原来，我们

shēng huó de dì qiú yì zhí yǐ dì zhóu wéi zhōng xīn bù
生活的地球一直以地轴为中心不

tíng de zì zhuàn zhè jiù shǐ dì qiú zǒng yǒu yí miàn
停地自转，这就使地球总有一面

xiàng zhe tài yáng ér lìng yí miàn bèi zhe tài yáng xiàng
向着太阳，而另一面背着太阳。向

zhe tài yáng de nà miàn jiù shì bái tiān
着太阳的那面就是白天，

如果没有黑夜，我就可以一直在外面玩儿了。

太阳照射不到的一面是黑夜。

太阳

被太阳照射的一面是白昼。

地球

太阳发射的光和热量

昼夜的产生

地球自转示意图

bèi zhe tài yáng de yí miàn jiù shì
背着太阳的一面就是

hēi yè yīn wèi dì qiú cóng bù
黑夜。因为地球从不

tíng zhǐ zì zhuàn suǒ yǐ hēi yè
停止自转，所以黑夜

hé bái tiān yě jiù bù tíng de yǒu
和白天也就不停地有

白天，在阳光的照射下，一切清晰可见。

guī lǜ de biàn huàn zhe ér qiě suí zhe jì jié de biàn huàn bái tiān hé hēi yè de
规律地变换着。而且，随着季节的变换，白天和黑夜的

cháng duǎn yě zài fā shēng zhe biàn huà
长短也在发生着变化。

地球公转示意图

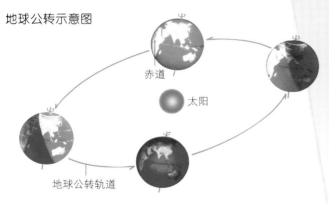

赤道
太阳
地球公转轨道

智慧 小考官

为什么会出现极昼和极夜？

地球在公转时，地轴与公转轨道面成一个约 23.5° 的夹角。这样，南极和北极总是一个朝着太阳，一个背着太阳，每半年才交替一次。极昼和极夜现象就这样产生了。

北极地区的极昼现象

后面更精彩哟⋯⋯

wèi shén me dì qiú wéi zhe tài yáng dǎ zhuàn
为什么地球围着太阳打转?

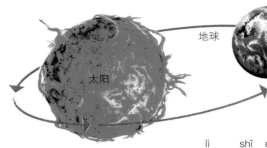

地球

太阳

地球的公转轨道

地球不仅自己转动,还喜欢一直围着太阳打转。这是因为太阳对地球有一种巨大的引力,使地球靠近自己。同时,地球围着太阳做圆周运动,能产生向外远离太阳的离心力,使自己与太阳保持一定的距离,而不会与太阳相撞。由于这种离心力克服不了太阳的引力,所以

地球真好动,不但自转,还要公转呢!

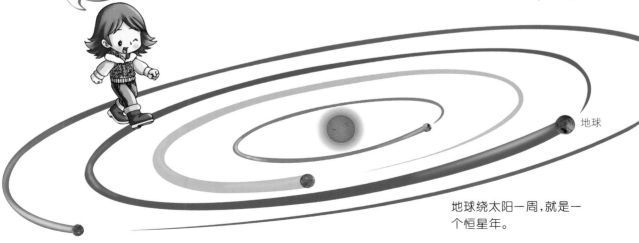

地球

地球绕太阳一周,就是一个恒星年。

?

智慧 小考官

地球公转的周期是不变的吗?

地球的公转周期并不是固定不变的。在 5.7 亿年以前,地球上的一年有428天,也就是说,地球的公转周期是428天;而在3.7 亿年以前,地球上的一年有398 天左右。

dì qiú jiù yì zhí wéi zhe tài yáng dǎ zhuàn wǒ men
地球就一直围着太阳打转。我们

tōng cháng chēng dì qiú de zhè zhǒng yùn dòng wéi gōng
通常称地球的这种运动为"公

zhuàn dì qiú wéi rào tài yáng gōng zhuàn yì quān
转"。地球围绕太阳公转一圈

de shí jiān dà yuē shì tiān xiǎo shí fēn
的时间大约是365天5小时48分

miǎo yě jiù shì wǒ men suǒ shuō de yì nián
46秒,也就是我们所说的一年。

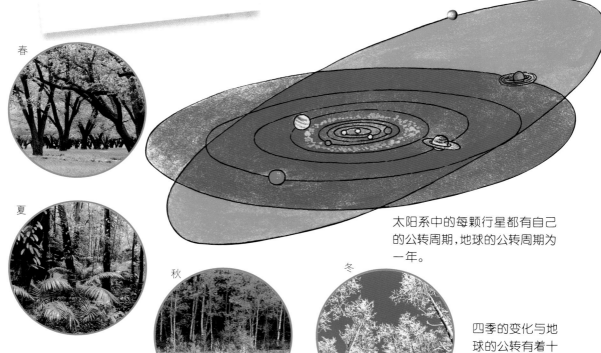

春

夏

秋

冬

太阳系中的每颗行星都有自己的公转周期,地球的公转周期为一年。

四季的变化与地球的公转有着十分密切的关系。

为什么指南针能指示方向？

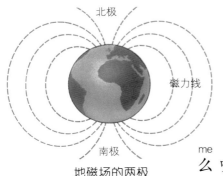

北极

磁力线

南极

地磁场的两极

我们可能都对指南针很感兴趣，因为无论怎么晃动它，当它静止时，它的指针总是朝着南方。这是为什么呢？原来，指南针的指针带有磁性，能利用磁场来指示方向。我们居住的地球就像一个巨大的磁铁，它的周围存在着看不见的地磁场。地磁场有南北两极，它们分别位于

磁场是鸽子辨别方向的重要依据。

14 >

地磁场的分布

dì qiú nán běi jí fù jìn chì dào fù jìn de dì
地球南北极附近。赤道附近的地

cí chǎng zuì ruò liǎng jí fù jìn de dì cí chǎng
磁场最弱,两极附近的地磁场

zuì qiáng yóu yú dì cí chǎng de qiáng dà zuò
最强。由于地磁场的强大作

yòng zhǐ nán zhēn de zhǐ zhēn jiù zhǐ xiàng le dì
用,指南针的指针就指向了地

cí chǎng de nán běi jí zhǐ shì
磁场的南北极,指示

chū nán běi fāng xiàng
出南北方向。

到野外游玩时,可以用指南针来辨别方向。

罗盘用来测量方向或位置。

智慧 小考官

人们所说的"磁偏角"是什么?

其实,指南针指示的并不是正南和正北方向。这是因为地磁场的南北极与地理意义上的南北极的位置不一样,它们之间存在着一定的偏角,这个偏角就是"磁偏角"。

指南针

地球大气层是如何形成的?

dì qiú dà qì céng shì rú hé xíng chéng de

我们的地球被一层厚厚的大气层包围着,它像保护伞一样保护着地球上的生物。那你知道大气层是怎么形成的吗?在地球刚刚形成的时候,它还是一团疏松的物质,其中包括空气和固体尘

从卫星上看到的地球大气

> 我们就生活在地球的大气层当中。

智慧 小考官

地球大气层到底有多厚?

由于大气层没有明显的界限,所以目前科学家们还没有测出整个大气层确切的厚度,但是它距地球表面至少在 3000 千米以上,其中大约 99.9% 集中在 48 千米以下。

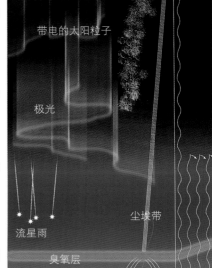

外逸层
带电的太阳粒子
热层
极光
中间层
尘埃带
流星雨
平流层
臭氧层
宇宙辐射
对流层

大气层的结构

āi。后来，由于地心引力的

zuò yòng　dì qiú zhú jiàn shōu suō biàn
作用，地球逐渐收缩变

xiǎo　lǐ miàn de kōng qì shòu dào yā
小，里面的空气受到压

suō　bèi jǐ le chū lai　fēi sàn dào
缩，被挤了出来，飞散到

tài kōng zhōng de kōng qì yòu bèi dì
太空中的空气又被地

xīn yǐn lì lā zhù　huán rào zài dì qiú zhōu
心引力拉住，环绕在地球周

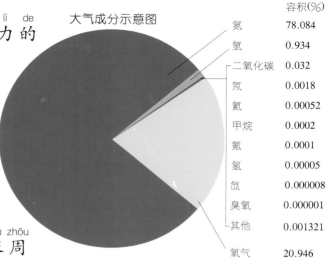

大气成分示意图

	容积(%)
氮	78.084
氩	0.934
二氧化碳	0.032
氖	0.0018
氦	0.00052
甲烷	0.0002
氪	0.0001
氢	0.00005
氙	0.000008
臭氧	0.000001
其他	0.001321
氧气	20.946

wéi　zhè yàng jiù xíng chéng le yuán shǐ de dà qì céng　jīng guò màn cháng de dì qiào yùn dòng
围，这样就形成了原始的大气层。经过漫长的地壳运动

hé huán jìng biàn huà　dà qì céng jiù biàn chéng xiàn zài zhè zhǒng hòu
和环境变化，大气层就变成现在这种厚

hòu de yàng zi le
厚的样子了。

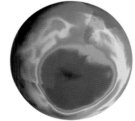

图中蓝色区域是 1988 年
观测到的南极臭氧层空
洞，面积比北美洲还大。

由于大气中的众多微粒能使太阳光发生散射，
所以天空呈现蔚蓝色。

为什么地球要"震怒"?

地球的"脾气"不是很好,有时会气得让大地都震动起来,这就是所说的"地震"。那么,地球为什么会发"脾气"呢?

地动仪是一种测量地震的仪器。

原来,组成地球地壳的各大板块时刻都处在运动变化之中。这种运动变化会产生巨大的力量,使地下的

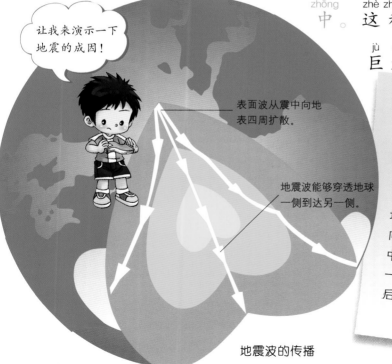

让我来演示一下地震的成因!

表面波从震中向地表四周扩散。

地震波能够穿透地球一侧到达另一侧。

地震波的传播

智慧 小考官

地震发生在地下深处,可地表为什么会震动呢?

震源(地球内部发生地震的地方)岩层破裂时,会产生一种向四处传播的地震波,就像在水中投入石子,水波会向四周扩散一样。地震波传到地表后,地表就会产生震动。

地震发生前,许多动物都会有异常的表现。

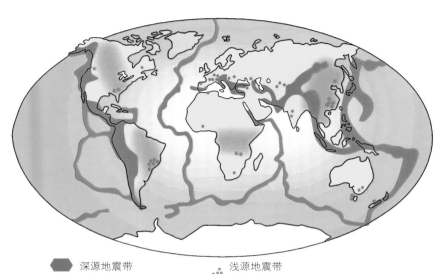

深源地震带　　　　　浅源地震带

全球地震带分布图

地震强度

No.1
3 级地震

No.2
5 级地震

No.3
9 级地震

No.4
12 级地震

^{yán céng fā shēng biàn xíng}
岩层发生变形。^{kāi shǐ shí}开始时，^{zhè ge biàn xíng hěn huǎn}这个变形很缓

^{màn}慢，^{dàn dāng shòu dào de lì tài dà}但当受到的力太大，^{dà dào yán céng bù néng chéng}大到岩层不能承

^{shòu shí}受时，^{yán céng jiù huì fā shēng tū rán de}岩层就会发生突然的、^{kuài sù de pò liè}快速的破裂。

地震引起桥梁倒塌。

^{yán céng pò liè suǒ chǎn shēng}岩层破裂所产生

^{de zhèn dòng chuán dào dì biǎo}的震动传到地表，

^{jiù huì yǐn qǐ dì biǎo zhèn}就会引起地表震

^{dòng zhè jiù shì dì zhèn}动，这就是地震。

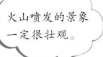

火山喷发的景象一定很壮观。

为什么火山会"发火"？

火山"发火"是因为它的"忍耐力"达到了极限。

原来，地球不停的运动使地球内部的温度和压力变得很高，于是，一部分岩石变成了高温高压的岩浆。岩浆沿着地壳的裂缝向上涌，溶解在岩浆中的气体会逐渐分离出来。一旦遇到地壳比较脆弱的地

火山爆发时，喷出烟尘和火山灰云。

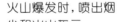

火山爆发

灼热的岩浆

方，这些气体就会与岩浆一起冲出地表，形成恐怖的火山喷发景象。火山"发火"时，灼热的熔岩流从火山口喷涌而出，所到之处无坚不摧；大量火山灰和火山气体在大气中弥漫，遮天蔽日。

火山刚喷发时，会释放出浓重的火山灰。

智慧 小考官

火山随时都会"发火"吗？

不是的。除了活火山（正在喷发或容易喷发的火山）经常喷发外，有些火山曾经喷发，但在人类出现以后就再没有喷发过；有些火山在"休眠"，偶尔才会喷发一次。

火山喷发后的火山灰遮蔽了阳光，使白天看起来就像夜晚一样。

岩石是怎么形成的?

这种红色的砂岩是一种沉积岩。

岩石无处不在,大山上、小河边、山脚下、公路旁,随处可见各种各样的岩石碎块。科学家根据岩石的形成原因,把岩石分为火成岩、沉积岩和变质岩三种。那么岩石是怎么形成的呢?其实,不同种类的岩石形成过程是不一样的:火成岩是由火山喷发出来的岩浆直接变冷

你能分得清岩石的种类吗?

北爱尔兰著名的"巨人之路"全部是由玄武岩构成的,玄武岩是一种最常见的火成岩。

巨大的岩石

智慧 小考官

变质岩和沉积岩如何变成火成岩呢?

变质岩和沉积岩进入地下深处后,在高温、高压条件下就会熔化,形成岩浆。岩浆冷凝后就能形成火成岩了。其实,这三种岩石在一定条件下是可以相互转化的。

níng gù xíng chéng de chén jī yán
凝固形成的;沉积岩

shì yóu ní shā huò shí huī zhì
是由泥沙或石灰质

děng wù zhì chén jī ér chéng
等物质沉积而成;

biàn zhì yán shì yóu huǒ chéng
变质岩是由火成

变质岩中的大理石

yán huò chén jī yán jīng guò biàn zhì zuò yòng ér xíng
岩或沉积岩经过变质作用而形

chéng de
成的。

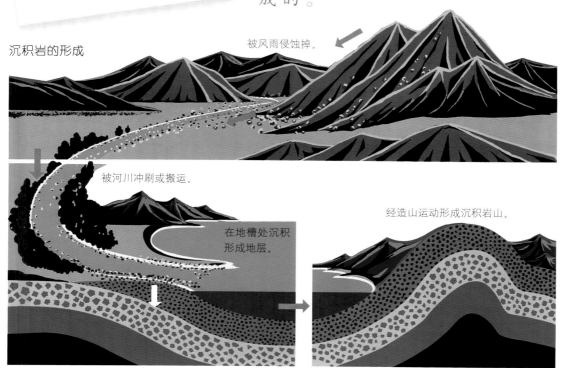

沉积岩的形成

被风雨侵蚀掉。

被河川冲刷或搬运。

在地槽处沉积形成地层。

经造山运动形成沉积岩山。

土壤是怎么形成的?
tǔ rǎng shì zěn me xíng chéng de

> 土壤是由沙子变细后形成的。

土壤为植物生长提供营养,我们对它再
tǔ rǎng wèi zhí wù shēng zhǎng tí gōng yíng yǎng wǒ men duì tā zài

熟悉不过了,可是你知道它是怎么形成的吗?
shú xi bú guò le kě shì nǐ zhī dào tā shì zěn me xíng chéng de ma

告诉你吧,最初地球上到
gào su nǐ ba zuì chū dì qiú shang dào

处都是岩石,这些岩石
chù dōu shì yán shí zhè xiē yán shí

经过长时间的风吹雨打和太阳照
jīng guò cháng shí jiān de fēng chuī yǔ dǎ hé tài yáng zhào

射,形成了
shè xíng chéng le

土壤颗粒的种类

砂质土壤

黏土壤

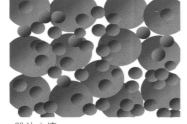

粉沙土壤

智慧 小考官

土壤里只有沙粒和泥土吗?

土壤里并不是只有沙粒和泥土,土壤中成分很多,除了一些植物和空隙中的水分外,土壤中还含有许多种类的生物,包括细菌、藻类、节肢动物和冬眠动物等。

土壤里的蚯蚓

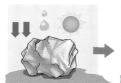  

土壤的形成

岩石受到太阳照射裂开，渗入了雨水。

降温后，水冻成冰，把岩石撑裂开。

持续不断的风吹日晒使岩石碎裂得越来越小，最后形成土壤。

xǔ duō liè fèng jié gòu biàn de shū sōng zuì
许多裂缝，结构变得疏松，最

hòu pò liè chéng xiǎo shí tou děng dào xià yǔ
后破裂成小石头。等到下雨

de shí hou yǔ shuǐ shùn zhe
的时候，雨水顺着

liè fèng jìn rù zhè xiē xiǎo
裂缝进入这些小

土壤的空隙中有水分，可以向上蒸发。

热带沙漠地区的土壤多为砂质土壤。

shí tou zài yè wǎn jiàng wēn hòu yán shí zhōng de shuǐ dòng jié chéng
石头。在夜晚降温后，岩石中的水冻结成

bīng bǎ xiǎo shí tou chēng liè kāi xiǎo shí tou jiù biàn chéng cū shā zi
冰，把小石头撑裂开，小石头就变成粗沙子

le chí xù bú duàn de rì shài yǔ lín yòu shǐ cū shā zi biàn chéng xì shā zi zuì hòu
了。持续不断的日晒雨淋又使粗沙子变成细沙子，最后

xíng chéng tǔ rǎng
形成土壤。

有了土壤，地球上才能有美丽多姿的植物。

hǎi shuǐ wèi shén me xián xián de
海水为什么咸咸的?

海水中含有各种盐分,平均每1000克海水中含有35克盐。

wǒ men dōu zhī dào hǎi shuǐ shì xián de nà nǐ zhī dào
我们都知道,海水是咸的,那你知道

hǎi shuǐ wèi shén me shì xián de ma yuán lái zài hǎi yáng gāng gāng xíng chéng de shí hou
海水为什么是咸的吗?原来,在海洋刚刚形成的时候,

lù dì shang de tǔ rǎng hé yán shí zhōng hán yǒu dà liàng de yán fèn nà shí dì qiú shang
陆地上的土壤和岩石中含有大量的盐分。那时,地球上

原始海洋形成示意图

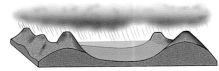

No.1

地表冷却时,火山喷发出混合气体,形成早期的大气。

cháng cháng fā shēng huǒ shān pēn fā hé dì zhèn dì
常常发生火山喷发和地震,地

qiú shàng kōng mí màn zhe dà liàng de shuǐ zhēng qì
球上空弥漫着大量的水蒸气,

tā men lěng què hòu luò dào dì miàn xíng chéng yǔ
它们冷却后落到地面,形成雨

No.2

水汽在大气中凝结成雨,降落下来,雨水灌满广阔的低地。

shuǐ tǔ rǎng hé yán shí zhōng de yán fèn jiù róng
水。土壤和岩石中的盐分就溶

jiě zài yǔ shuǐ zhōng bèi dài jìn le hǎi li shǐ
解在雨水中,被带进了海里,使

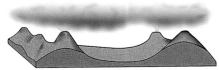

No.3

火山喷发逐渐减少,积满水的低地逐渐变成原始海洋。

海水看上去多呈蓝色或绿色,这是因为太阳光中的蓝色和绿色光在水中穿透得最深。

hǎi yáng zhōng de yán fèn bú duàn zēng jiā tóng
海洋 中 的 盐 分 不 断 增 加 。同

shí hǎi shuǐ zài tài yáng zhào shè xià zhēng fā
时 ， 海 水 在 太 阳 照 射 下 蒸 发

de hěn kuài dàn shì yán fèn bìng bú huì bèi zhēng
得 很 快 ，但 是 盐 分 并 不 会 被 蒸

fā hǎi shuǐ jiù zhè yàng
发 ， 海 水 就 这 样

biàn de xián xián de le
变 得 咸 咸 的 了 。

海水可以传播声音。

智慧 小考官

海水会越变越咸吗？

不会。海水在某一段时期朝着变咸的方向发展，而在另一段时期内又会向着相反的方向变化。所以总的来说，海水的咸度保持着相对平衡的状态。而且，海水虽然在不断蒸发，但是河水等淡水也在不断地流入海中，冲淡海水，所以，海水不会越变越咸。

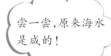

尝一尝，原来海水是咸的！

海洋生物适应咸咸的海水。

海水的颜色可以由福雷水色计来测定。

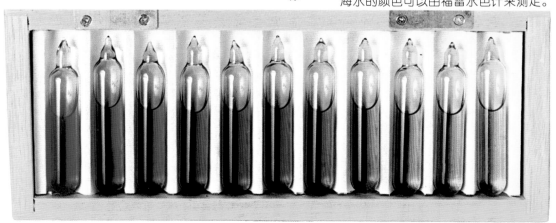

大海为什么会有潮汐?

大海每天都会有涨潮和退潮的现象,科学家把这种现象叫作潮汐。为什么会有潮汐呢?产生潮汐的主要原因是月球对地球的吸引力。月球时刻绕着地球旋转,对地球产生引力,使海洋的水位发生变化。水位上升形成涨潮,下降形成退潮。由于引力的作用,海水每天都会涨退两次。当地球、

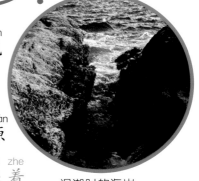

退潮时的海岸

涨潮时,港口内的水位会比平常高,这样大吨位的船只就不会搁浅或触礁,所以人们一般在涨潮的时候出海。

太阳、月亮和潮汐

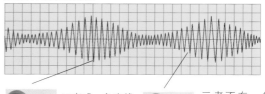

三者成一条直线时,高潮最高,低潮最低。

三者不在一条直线时,潮汐不高也不低。

太阳

月球作用于海洋的拉力比太阳拉力强烈。当这两个天体和地球排成一条线时，它们的联合力量就可以制造高的海潮。

第 28 天，新月大潮。

第 21 天，下弦月时的小潮。

高潮标志

月球引力

第 14 天，满月时的大潮。

月球

太阳引力

第 1 天，新月时的大潮。

第 7 天，上弦月时的小潮。

白天海水的涨落叫"潮"，晚上叫"汐"。

yuè qiú hé tài yáng pái chéng yì
月球和太阳排成一
tiáo zhí xiàn shí　　yuè qiú hé
条直线时，月球和
tài yáng duì dì qiú de yǐn lì
太阳对地球的引力
jiā zài yì qǐ　　jiù néng shǐ hǎi shuǐ xíng
加在一起，就能使海水形
chéng gèng gāo de hǎi cháo
成更高的海潮。

大海的潮汐有时很壮观呢！

智慧 小考官

为什么海水每天都要涨退两次呢？

月亮绕地球一周大约需要一天的时间，所以在一昼夜之间大部分海水有一次面向月亮，一次背对月亮。面向和背对月亮时，海水各涨退一次。这样，海水每天都要涨退两次。

钱塘江大潮是中国最壮观的潮汐。

29 >

海底世界是什么样的？
hǎi dǐ shì jiè shì shén me yàng de

hǎi yáng zhàn jù le dì qiú biǎo miàn de jué dà bù fen
海洋占据了地球表面的绝大部分，

dàn hǎi dǐ shì jiè de qíng kuàng què yì zhí bú bèi rén men suǒ
但海底世界的情况却一直不被人们所

liǎo jiě zhí dào nián huí shēng cè jù fǎ bèi yòng lái tàn cè hǎi dǐ shēn dù hòu
了解。直到 1920 年回声测距法被用来探测海底深度后，

rén men cái kāi shǐ rèn shi hǎi dǐ shì
人们才开始认识海底世

jiè nà shì yí gè yǔ lù dì hěn
界：那是一个与陆地很

xiāng xiàng de shì jiè hǎi dǐ yǒu
相像的世界。海底有

gāo sǒng de hǎi shān qǐ fú de hǎi
高耸的海山、起伏的海

qiū mián yán de hǎi lǐng shēn
丘、绵延的海岭、深

bù kě cè de hǎi gōu yě
不可测的海沟，也

火山岛

海台

平顶海山

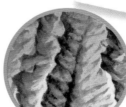
环礁

海隆

智慧 小考官

海底的样子会一直保持不变吗？

科学家认为，海底在做扩张运动：地幔物质从裂缝中涌出，冷凝后形成新的洋底，新洋底同时推动较老的洋底向两侧扩展。洋底扩展到一定程度时向下俯冲，重新回到地幔中。因此，每 2 亿年，洋底就能更新一遍。

人们对海底世界的研究越来越深入。

yǒu tǎn dàng de shēn hǎi píng yuán
有坦荡的深海平原。

rú zòng guàn dà yáng zhōng bù de
如纵贯大洋中部的

dà yáng zhōng jǐ tā de zǒng miàn jī
大洋中脊,它的总面积

kě yǔ quán qiú lù dì xiāng bǐ shēn hǎi píng yuán de
可与全球陆地相比;深海平原的

píng tǎn chéng dù shèn zhì chāo guò le dà lù píng yuán
平坦程度甚至超过了大陆平原。

从海山上采集
到的岩石碎块

大陆坡是大陆架与深
海盆地间坡度陡急的
过渡带

大洋中脊是指狭长绵延的洋底
高地,是地壳厚度最小,岩石年
龄最轻,岩石圈板块不断生长的
地方。

海沟多分布在大洋的
边缘,紧依岛屿或大陆
沿岸山脉的外侧,是地
壳的活动带。

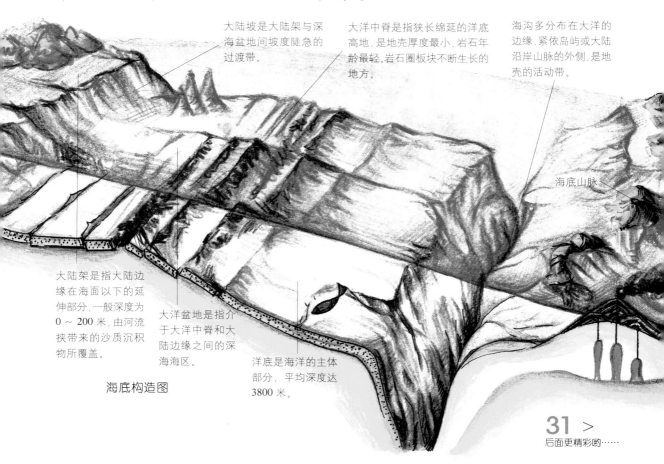

海底山脉

大陆架是指大陆边
缘在海面以下的延
伸部分,一般深度为
0~200米,由河流
挟带来的沙质沉积
物所覆盖。

大洋盆地是指介
于大洋中脊和大
陆边缘之间的深
海海区。

洋底是海洋的主体
部分,平均深度达
3800米。

海底构造图

大海为什么会发脾气？

有时，大海会突然发脾气：咆哮着掀起高达数米的巨浪，恶狠狠地冲向海岸。这就是海啸。海啸是因为海底的地壳发生断裂，有的地方升起，有的地方下陷，从而引起剧烈的震动而发生的。另外，海底火山爆发或台风也可以引发海啸。

排山倒海的海啸

2004 年的印度洋大海啸使东南亚遭遇一场灾难。

海底断层处发生地震。

海啸形成。

为什么湖泊有咸淡之分？

jiāng hé zài liú dòng de guò chéng zhōng huì
江河在流动的过程中，会

bǎ suǒ jīng guò dì qū de yán shí hé tǔ rǎng li
把所经过地区的岩石和土壤里

de yán fèn róng jiě dāng jiāng hé liú jīng hú pō shí
的盐分溶解，当江河流经湖泊时，

jiù huì bǎ yán fèn dài gěi hú pō rú guǒ hú pō yǒu
就会把盐分带给湖泊。如果湖泊有

chū kǒu shǐ hú shuǐ dé yǐ jì xù liú chū yán fèn yě huì gēn zhe liú
出口使湖水得以继续流出，盐分也会跟着流

中国最大的咸水
湖——青海湖

zǒu jiù xíng chéng dàn shuǐ hú rú guǒ hú pō pái shuǐ bú chàng yán fèn chén jī nà me
走，就形成淡水湖。如果湖泊排水不畅，盐分沉积，那么

shuǐ fèn zhēng fā hòu hú shuǐ jiù huì yù lái yù xián chéng wéi xián shuǐ hú
水分蒸发后，湖水就会愈来愈咸，成为咸水湖。

内流湖因为湖水没有路
径流入海洋，所以多数为
咸水湖。

外流湖与河流相通，
最终流入海洋。

后面更精彩哟……

为什么有的岛屿会捉迷藏？

在海洋中，有的岛屿时出时没，就好像在和我们玩捉迷藏游戏。比如，在地中海上，我们就可以看到海面突然涌起的水柱；一个星期后，涌出水柱的地方出现一座小岛；过一段时间，这个小岛又神秘消失了。科学家经过研究证实，这样的岛屿多数是由海底火山喷发出的固体物质堆积而成的。

珊瑚岛

火山岛

岛弧

海平面变化形成的岛屿

博拉－博拉岛是太平洋上的一个火山岛。

智慧 小考官

这种消失的岛屿还会再现吗？

这种消失的岛屿是不会再现的，因为它们已经被海浪冲散了。但是，当海底火山再次喷发时，岛屿消失的地方还会升起同样构造的岛屿。

火山暂时停止活动后，海浪又会逐渐把这些岛屿摧毁，最终使它们消失在海面下。周而复始，海面上就出现了岛屿时出时没的景象。

我去看看那个小岛上有什么。

大陆架上被水域包围但未被淹没的部分是大陆型岛。

后面更精彩哟……

山脉是怎么"长"出来的？

安第斯山脉科迪勒拉山系是世界上最长的山系。

在陆地上，有些山常成组地沿着一定的方向有规律地延伸，就像人身上的脉络一样，我们把这些山称为"山脉"。高耸在地球上的山脉是怎么"长"出来的呢？在地球演变的过程中，组成地壳的各个板块相互碰撞和挤压，使板块的边缘部分逐渐弯曲变形，也就是发生褶

连续的多条山脉可以组成庞大的山系。

山脉具有明显的走向。

从褶皱山的断面可以看到山体的隆起岩层。

zhòu bǎn kuài yīn shòu
皱。板块因受

lì ér xiàng shàng lóng
力而向上隆

qǐ xíng chéng le shān
起，形成了山

lǐng xiàng xià wān qū xíng chéng le shān gǔ
岭，向下弯曲，形成了山谷。

shān mài jiù zhè yàng zhǎng chu lai le xǐ
山脉就这样"长"出来了。喜

mǎ lā yǎ shān mài jiù shì ōu yà bǎn kuài hé
马拉雅山脉就是欧亚板块和

yìn ào bǎn kuài xiāng hù pèng zhuàng xíng chéng de
印澳板块相互碰撞形成的。

高山的形成过程

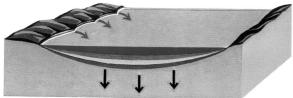

↓ 来自大陆的沉积物在浅海底部堆积形成地层。

↓ 地球内部的岩浆活动使海底的堆积物喷出地表，形成火山。

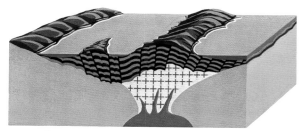

↓ 这一地区经地壳运动逐渐形成褶皱或断层等构造，进一步形成了隆起的高地。

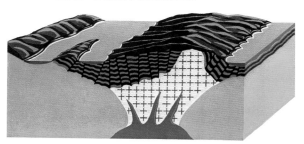

再经过反复的造山运动，最终形成很高的山脉。

智慧 小考官

山脉可以变矮吗？

原来山脉的个子可以发生变化啊！

可以。山体的岩石一旦暴露，就会受到风化侵蚀，并被水、冰和风所搬移。再加上岩石自身的沉积作用，山体高度就会慢慢降低。同时，侵蚀作用还可以冲出峡谷，泥沙还可以堆积成冲积锥。

为什么冰川会移动？
wèi shén me bīng chuān huì yí dòng

冰川覆盖了地球陆地面积的11%。

冰川是由大气固体降水经过多年积累而成的，它在地表长期存在，还能够移动呢。这是为什么呢？其实，冰川的形成是与寒冷的气候条件密切相关的。在气候寒冷的两极地区和高山地区，降水以

这是冰川流过后的地表。

飘雪

雪（空气含量85%～90%）

冰粒（空气含量30%～85%）

雪粒（空气含量20%～30%）

蓝冰（空气含量低于20%）

冰川冰的形成

崩溃的冰山

冰川是地球上重要的淡水资源。

固体降水为主，而固体降水绝大部分以雪的形式出现。因为高寒，雪蒸发

冰川将这块岩石搬运到此地，并将它沉积到一块较年轻的岩石上。

消融得很少。就这样，雪越积越多，最后就变成了冰川。这些厚厚的冰雪在重力作用下，从高处向低处缓缓地流动，整个冰川就移动起来了。

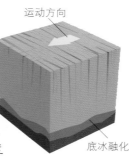

智慧 小考官

冰川移动得快吗?

冰川不同部位的移动速度是不一样的，边缘部位移动得慢，中间部位则移动得快些。但总体来说，冰川移动的速度很慢，每天只有几厘米，最多也不过数米。如珠穆朗玛峰北坡的绒布冰川，年流速为117米。此外，冰川移动的速度还和地形坡度有直接关系。

冰川运动的方式

运动方向

底冰融化

底冰滑动

相互滑动的冰层

内部变形

为什么河流是弯曲的？

如果细心观察，你会发现河流总是弯曲的，这是怎么回事呢？原来，河流在行进过程中，总会遇到各种各样的阻碍。如果河岸比较容易破

黄河九曲十八弯

坏，水流就会冲开河岸，向前奔流；如果河岸比较坚固，水流就得绕着河岸前进

世界上流量最大的
河流——亚马孙河

智慧 小考官

为什么说河流是世界文明的发源地？

河流是人类赖以生存的重要淡水水体。大河下游的土地，土壤肥沃、灌溉便利，有利于农业的发展，所以成为人类的聚集地之一。世界文明发源于河流区域，也就不足为奇了。

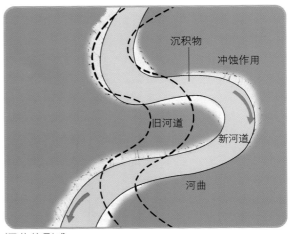

河曲的形成

沉积物

冲蚀作用

旧河道

新河道

河曲

了。所以，整条河流看起来总是弯弯曲曲的。河流的弯曲，也说明了河水的巨大力量。长江在江汉平原形成的"九曲回肠"就是河水日夜冲刷侵蚀的结果。

我来模仿一下河流的形状造一条小河。

尼罗河是古埃及文化的摇篮。

金沙江

No.1

常流河全年都有水流，常见于降雨充沛的地区。

No.2

季节河仅在雨季有水流，地中海国家季节河较多。

No.3

暂时河通常是干涸的，许多沙漠河流都是暂时的。

从瀑布上飞流直下会比高山滑雪更刺激吗？

瀑布是怎样飞流直下的？

瀑布是自然界最壮丽的景观之一，你知道瀑布为什么会飞流而下，形成"飞流直下三千尺"的景象吗？原来，组成河床底部的岩石软硬程度不一致，软岩石被河水冲击侵蚀得厉害，形成陡坎，坚硬的岩石则相对悬垂起来。当河水流到这里

黄果树瀑布是亚洲第一大瀑布。

尼亚加拉瀑布

shí　biàn fēi xiè ér xià　xíng chéng pù bù
时，便飞泻而下，形成瀑布。

yě kě yǐ shuō　hé shuǐ zài hé dào zhōng bēn
也可以说，河水在河道中奔

liú　　yù dào hé chuáng de dǒu kǎn shí
流，遇到河床的陡坎时，

biàn diē xia lai　xíng chéng pù bù
便跌下来，形成瀑布。

zài shān bēng　duàn céng　róng yán
在山崩、断层、熔岩

dǔ sè　bīng chuān děng zuò yòng
堵塞、冰川等作用

xià　hé dào zhōng yě huì xíng
下，河道中也会形

chéng pù bù
成瀑布。

瀑布由上而下的冲击力相
当大。

生活在伊瓜苏瀑布地区的巨嘴鸟

智慧 小考官

瀑布会消失吗？

瀑布只是一种暂时的现象，它最终是会消失的。因为造成瀑布的悬崖，在水流的强力冲击下将不断坍塌，使得瀑布向上游方向后退，并不断降低高度，最终导致瀑布消失。

瀑布的演变过程

No.1

水流强大的力量将瀑下冲出深潭。

No.2

水流将岩石冲刷下来。

No.3

不断的冲刷使瀑面向后移动。

盆地是"挖"出来的吗？

盆地是一种四周高、中间低的陆地地貌，看起来像一个大盆。这个大盆到底是怎样被"挖"出来的呢？事实上，盆地是在各种自然力的作用下形成的。由于地壳的构造

构造盆地是由地壳运动产生的。

> 盆地的形状真像个盆子。

河流入口

外流盆地

河流从盆地中穿过，注入大海。

河水由山区流入盆地。

盆地

河流最终流入封闭的终端湖。

内流盆地

盆地周围环绕着高山。

山间盆地是山区常见的面积较小的盆地。

yùn dòng ér xíng chéng de pén
运动而形成的盆
dì   jiào zuò gòu zào pén dì   dì qiào duàn céng xiàn luò
地,叫作构造盆地;地壳断层陷落,
huì xíng chéng duàn xiàn pén dì   dà guī mó de huǒ shān pēn
会形成断陷盆地;大规模的火山喷
fā hòu   huì xíng chéng huǒ shān kǒu pén dì   nà xiē yīn wèi
发后,会形成火山口盆地;那些因为
liú shuǐ   fēng děng qīn shí zuò yòng ér xíng chéng de pén dì
流水、风等侵蚀作用而形成的盆地,
jiào zuò qīn shí pén dì   zài hé liú bú duàn chōng shuā xià xíng
叫作侵蚀盆地;在河流不断冲刷下形
chéng de shì hé gǔ pén dì
成的是河谷盆地。

平原是怎么形成的?

píng yuán shì zěn me xíng chéng de

广阔的平原非常适合发展农业。

平原是我们人类最主要的居住地,它的地面宽广低平。这种地形是怎么形成的呢?不同类型平原的形成原因各不相同:构造平原是因地壳抬升或海面下降而形成

平原的海拔一般都在200米以下。

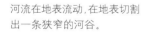

冲积平原的形成过程

河流在地表流动,在地表切割出一条狭窄的河谷。

河流不断下切,河谷变深。

河流下切能力变弱,向两侧发展,并把泥沙堆积在河流两侧,地表被夷平,就形成了平原。

的，如俄罗斯平原；堆积平原是

在地壳下降运动速度较小的过

程中，沉积物补偿性堆积而

形成的，如长江中下游平原；

侵蚀平原是因重力、流水的作

用而使地表逐渐被剥蚀而形成

的，如江苏徐州一带的平原。

亚马孙平原上遍布河湖和丛林。

西西伯利亚平原的冬季

智慧 小考官

中国面积最大的平原在哪儿？

中国面积最大的平原是东北平原，它位于大兴安岭和长白山之间，包括黑龙江、吉林、辽宁三个省和内蒙古的一部分，面积约35万平方千米。

你知道平原是陆地上最平坦的地域吗？

平原聚居地

沙漠是怎样出现的?

沙漠一望无际,常年被大量的沙子覆盖着,它是怎么形成的呢?原来,沙漠地区气候干燥,降雨量少,日照强烈,水分蒸发得快,昼夜温差大。地面上的岩石在这种条件下,经历热胀冷缩的变化和风化作用,破碎成细小的沙粒。风把

沙漠占陆地总面积的1/10。

骆驼被称为"沙漠之舟"。

沙丘是最典型的沙漠景观。

全世界沙漠分布图

dà liàng de shā lì chuī chéng yì duī　xíng chéng
大量的沙粒吹成一堆，形成

shā qiū　　shā lì zài màn màn duī jī　　jiù xíng
沙丘；沙粒再慢慢堆积，就形

chéng le　dà piàn de shā mò　　lìng wài　dì qiào
成了大片的沙漠。另外，地壳

biàn huà huì shǐ hú
变化会使湖

pō jí hé liú xiāo shī　lù chū yuán lái de ní shā dǐ bù
泊及河流消失，露出原来的泥沙底部，

zhè xiē ní shā yě huì màn màn xíng chéng shā mò
这些泥沙也会慢慢形成沙漠。

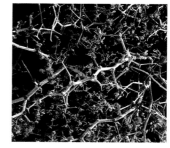

沙漠中的骆驼刺

智慧 小考官

沙漠和荒漠是一样的吗？

　　不一样。荒漠中降水量少而蒸发量大，植被稀疏，地面的物质构成比较粗糙。荒漠的外貌多种多样，包括沙漠、砾漠、岩漠等，其中沙漠是最常见的一种荒漠。

地垛：一种较小的平顶山的变化形式。

侵蚀形成的拱门

干河谷是水流的渠道。

平顶山

支柱岩石

纵向沙丘

新月形沙丘

星形沙丘

横向沙丘

绿洲

为什么沙漠中有绿洲？

沙漠里也有绿树成荫的地方，那里就是绿洲。干旱少雨的沙漠怎么会有绿洲呢？原来，夏天来临时，高山上的冰雪就会融化，顺着山坡流淌下来，形成河流。河水流经沙漠，便渗入沙漠深处变成地下水。地下水流到沙漠的低洼地带，涌出地面，形成泉水，或者沿着不透水的岩层流至低洼地带后，与来自远方的雨水

沙漠中的绿洲

雨水降落在山上。

雨水渗入到多孔的地下岩石中。

自流泉

凹地里的水

绿洲

断层

绿洲的形成

撒哈拉沙漠东部地下水资源丰富。

沙漠绿洲中植物较多。

zài dì xià huì hé zài yán zhe yán céng liè xì chōng chū
在地下汇合，再沿着岩层裂隙冲出
dì miàn yǒu le shuǐ gè zhǒng shēng wù jiù kě yǐ
地面。有了水，各种 生物就可以
shēng cún yě jiù xíng chéng le lǜ zhōu
生存，也就形成了绿洲。

沙漠中的绿洲
有我的小花园
漂亮吗？

智慧 小考官

沙漠里可以种植农作物吗？

可以。沙漠里的绿洲水源丰富，土壤肥沃，非常适合农作物生长。一些较大的绿洲中，农民会种植粮食作物，所以这些绿洲往往成为农业发达和人口集中的居民区。

一些绿洲正在
逐渐沙漠化。

沙漠里的生物群落

为什么地球上会有各种气候?

热带雨林中的青蛙

热带雨林气候常年高温。

地球上的气候，总是有冷有暖、有干有湿，或冷暖干湿交替地变化着。为此，科学家把地球上的气候分成各种类型，如热带气候、温带气候、寒带气候等等。那么，为什么地球上会有各种不同的气候

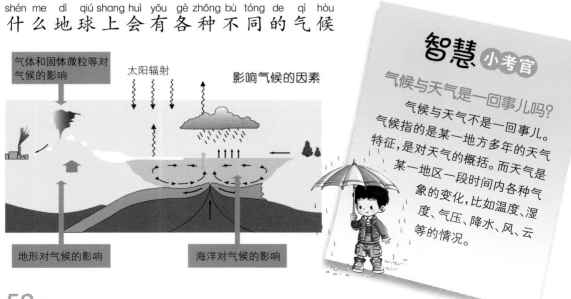

气体和固体微粒等对气候的影响

太阳辐射

影响气候的因素

地形对气候的影响

海洋对气候的影响

智慧 小考官

气候与天气是一回事儿吗?

气候与天气不是一回事儿。气候指的是某一地方多年的天气特征，是对天气的概括。而天气是某一地区一段时间内各种气象的变化，比如温度、湿度、气压、降水、风、云等的情况。

呢？这是因为不同地区的气温、降水、太阳辐射、植被在地球表面分布等状况都有所差别。不同类型的气候特征正是通过该地区的气温、降水等的多年平均值反映出来的。

热带季风气候中的雨季

下雨指的是天气。

处于干燥气候的地区降水稀少。

地中海式气候的特点是气候温和。

凉爽气候区夜间经常有霜冻。

为什么说森林是个绿色空调?

火热的夏天,森林里分外凉爽;而在寒冷的冬天,森林里却异常暖和。这是怎么回事呢?原来,夏天,树木进行光合作用和蒸腾

火热的夏天,森林里清爽宜人。

作用的速度比较快,能迅速把水分释放到空气中,水分的蒸发带走了热量,森林里就凉快下

针叶林

落叶林

山下至山顶的
森林植被

热带雨林

在夏天,森林可是个避暑的好地方!

54 >

针叶阔叶混交林

来了。冬天，树木的光合作用和蒸腾作用都慢吞吞的，热量很难散发出去，森林里就比较暖和。其实，森林不仅使林内产生特殊的小气候，而且对邻近地区的气候也有较大的影响。林区附近的地区，气温变化和缓，降水较多。

智慧 小考官

森林需要保护吗？

现在，世界森林的面积正在急剧减少，我们的地球家园也会随之遭到严重破坏，如气候变得越来越差；许多野生动物无家可归等等。所以，森林是需要保护的。

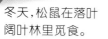

冬天，松鼠在落叶阔叶林里觅食。

落叶阔叶林是北方温带地区的主要森林植被。

为什么山上的气温比地面低？

雪山上的冰川地貌

为什么离太阳较近的山上却比山下冷呢？其实，地球离太阳太远了，山上与山下离太阳的距离差别可以忽略不计。大气的温度高低主要受地面释放热量的影响。所以，山顶的海拔越高，离地面越远，大气获得的地面辐射热量就越少，气温也就越低。

山下生机盎然，山上白雪皑皑。

爬到高高的山上后，我感觉好冷啊！

山越高，山顶的气温就越低。

为什么晴空是蔚蓝色的?

wèi shén me qíng kōng shì wèi lán sè de

我们知道,空气是无色的,那为什么晴空是蔚蓝色的呢?这是因为太阳光中的赤、橙、黄、绿四种颜色的光波能迅速穿过大气层到达地面。而蓝、靛、紫色的光容易被空气中的微粒阻挡,向四面八方散射,其中蓝光散射最厉害,所以我们就看到晴空呈现蔚蓝色。

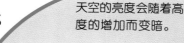

天空的亮度会随着高度的增加而变暗。

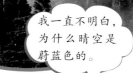

晴朗的天空总是呈现蔚蓝色。

我一直不明白,为什么晴空是蔚蓝色的。

光谱

780 毫微米				550 毫微米				380 毫微米		
红色	橙色	橙黄色	黄色	黄绿色	绿色	蓝绿色	蓝色	紫蓝色	紫色	紫红色

为什么可以看云识天气？
wèi shén me kě yǐ kàn yún shí tiān qì

天上的云色彩多变，形状不定，有经验的人可以根据云的形态来预测天气情况。如积雨云到来时，常常会产生雷电、大风、降水。为什么云可以预示天气的情况呢？实际上，云是太阳、空气、水、风等因素共同作用的结果。不同的大气气流、潮湿程度等状况会形成

积云是像棉花糖一样的云。

卷云

卷积云

卷层云

高积云

云盏

智慧小考官

云是怎么形成的呢？

潮湿空气上升到一定高度时，就会与空气中的杂质结成小水滴，水滴越来越多，被上升的空气气流托在空中，就形成了我们看得见的云。

红色的云

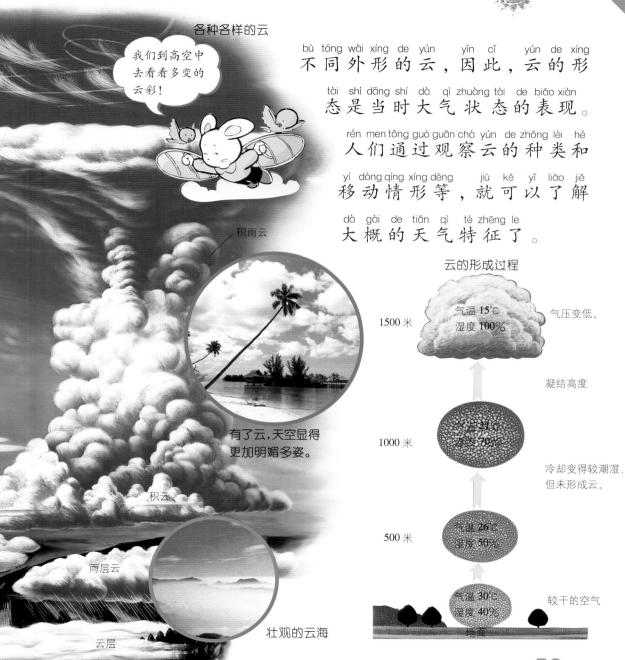

各种各样的云

我们到高空中去看看多变的云彩！

不同外形的云，因此，云的形态是当时大气状态的表现。人们通过观察云的种类和移动情形等，就可以了解大概的天气特征了。

积雨云

有了云，天空显得更加明媚多姿。

积云

雨层云

云层

壮观的云海

云的形成过程

1500 米　　气温 15℃　湿度 100%　　气压变低。

凝结高度

1000 米　　气温 21℃　湿度 70%

冷却变得较潮湿，但未形成云。

500 米　　气温 26℃　湿度 50%

气温 30℃　湿度 40%　　较干的空气

地面

tiān shang wèi shén me huì xià yǔ
天上为什么会下雨？

下雨的感觉真棒！

也许你已经注意到了，雨来临前，天空中往往集聚了许多云。看来，雨和云的关系很密切。的确如此。我们知道，云是由许多依附在空气杂质上的小水滴组成的，那么雨是怎么形成和降落的呢？原来，当云层中的小水滴凝结成足够大的雨

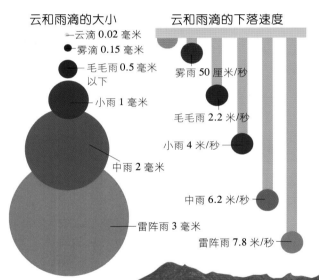

云和雨滴的大小

— 云滴 0.02 毫米
● 雾滴 0.15 毫米
○ 毛毛雨 0.5 毫米以下
○ 小雨 1 毫米
○ 中雨 2 毫米
○ 雷阵雨 3 毫米

云和雨滴的下落速度

雾雨 50 厘米/秒
毛毛雨 2.2 米/秒
小雨 4 米/秒
中雨 6.2 米/秒
雷阵雨 7.8 米/秒

春雨过后，人们正忙于插种秧苗。

对流雨是由上升的暖湿空气形成积雨云后引起的雨。

空气被抬升到山顶时容易形成地形雨。

空气沿着冷锋和暖锋面上升时容易形成锋面雨。

dī shí biàn wú fǎ jì xù piāo fú zài kōng zhōng yú shì zài zhòng lì zuò yòng xià luò xia
滴时，便无法继续飘浮在空中，于是在重力作用下落下

lai jiù xíng chéng le jiàng yǔ shí jì shang níng jié zhǐ shì xíng chéng yǔ dī de guò chéng
来，就形成了降雨。 实际上，凝结只是形成雨滴的过程

zhī yī zài dà bù fen zhōng wěi dù dì qū yǔ dī shì
之一，在大部分中纬度地区，雨滴是

zài hán bīng shuǐ hùn hé wù
在含冰水混合物

de yún céng zhōng shēng
的云层中生

chéng de
成的。

智慧 小考官

雨水能直接喝吗？

雨水在降落过程中，会粘上空气中的烟尘，还有可能带上某些细菌。另外，城市中的污染可以造成酸雨，其中有很多有害化学物。所以说，雨水是非常不干净的，千万不要直接饮用。

雨水不像纯净水，不可以直接喝。

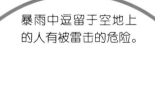

暴雨中逗留于空地上的人有被雷击的危险。

雷电是怎么产生的？

富兰克林用风筝引雷电。

雷电常常随着暴雨而来，向大地"发威"。那么，天上为什么产生雷电呢？它们和雨有什么关系呢？原来，闪电常发生在积雨云中，云中的不同成分相互摩擦使云层带上了电。当电量积累到一定程度时，就会在云层内部释放出来，也有一部分击穿云层，在云与地面之间释放出来，形成耀眼的闪

智慧 小考官

有雷雨时，可以在大树下避雨吗？

一般说来，地面导电性能好，突出的高大物体都易遭受雷击。像高楼、烟囱这些突出建筑物就比平地易遭雷击。同理，大树在雷雨中也易受雷击，所以千万别到大树下避雨。

链状闪电

片状闪电

带状闪电

diàn　　yún céng zài fàng diàn de tóng shí 　 yě huì shì fàng chū
电。云层在放电的同时，也会释放出

hěn duō de rè liàng 　shǐ zhōu wéi de kōng qì hěn kuài shòu rè
很多的热量，使周围的空气很快受热

péng zhàng bìng fā chū hěn dà de shēng yīn 　zhè jiù shì léi shēng
膨胀，并发出很大的声音，这就是雷声。

闪电和雷同时发生。

雷电有破坏力。

雷雨云在形成过程中，较轻的冰晶粒子上升最快，在上升过程中它们之间相互碰撞摩擦，成为正离子。

人们通常把发生闪电的云称为雷雨云。

闪电平均最高电流约3万安培，但是一些超级闪电可达30万安培。

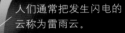

雷雨云在形成过程中，气流呈强烈的垂直对流状态。上升气流将水汽凝结成雾滴，雾滴越聚越多，继而形成了云。

较重的冰晶粒子在气流运动过程中成为负离子。

雷电放电时，在附近导体上产生的静电感应和电磁感应能使金属部件之间产生火花。

当正负电荷积聚到一定程度，就会在云与云之间或云与地之间放电。

闪电的发生过程

为什么雨后会出现彩虹?

wèi shén me yǔ hòu huì chū xiàn cǎi hóng

dà yǔ guò hòu　yǒu shí wǒ men huì kàn jiàn yì tiáo
大雨过后，有时我们会看见一条

měi lì de cǎi hóng xiàng qī cǎi qiáo yí yàng héng kuà zài kōng
美丽的彩虹像七彩桥一样横跨在空

zhōng　cǎi hóng shì cóng nǎ lǐ lái de ne　wǒ men zhī
中。彩虹是从哪里来的呢？我们知

dào　tài yáng guāng zhōng bāo hán zhe
道，太阳光中包含着

光进入玻璃块

玻璃块

光从玻璃块射出

光在玻璃块中的折射

在飞机上我们可以
看到环形彩虹。

hóng chéng huáng lù lán diàn zǐ qī zhǒng yán
红、橙、黄、绿、蓝、靛、紫七种颜

海市蜃楼的出现也是
由于光的折射和反射。

智慧 小考官

下过雨后都会出现彩虹吗?

彩虹的出现条件有两个：1.天空中有大量的小水珠 2.有强烈的太阳光。夏季的雨滴很大，雨过天晴，空中会悬浮着大量的小水珠，所以常见彩虹。如果雨后没有较大量的小水珠和强烈的阳光，我们就见不到彩虹了。

sè de guāng　　zài yǔ hòu fàng qíng de
色的光。在雨后放晴的

shí hou　　tiān kōng zhōng réng cán liú zhe
时候，天空中仍残留着

yì xiē xiǎo shuǐ zhū　　bái sè de yáng
一些小水珠，白色的阳

太阳光是由红、橙、黄、绿、蓝、靛、紫七种色光组成的，
通过三棱镜，我们会看到这七种颜色的光。

guāng jiù　huì bèi xiǎo shuǐ zhū zhé shè hé fǎn shè　　yóu yú bù tóng yán sè de guāng yǒu bù
光就会被小水珠折射和反射。由于不同颜色的光有不

tóng de zhé shè lǜ　suǒ yǐ tā men tōng guò shuǐ zhū shí
同的折射率，所以它们通过水珠时

huì bèi fǎn shè dào bù tóng de fāng xiàng　zhè yàng　gè
会被反射到不同的方向，这样，各

zhǒng yán sè de guāng jiù sàn shè chū lai　xíng chéng le
种颜色的光就散射出来，形成了

wǔ yán liù sè de cǎi hóng
五颜六色的彩虹。

雨后彩虹

雨后的彩虹就像一座彩桥。

美丽多姿的彩虹

我来画一座漂
亮的彩虹桥。

露和霜是一回事吗?
lù hé shuāng shì yì huí shì ma

露一般附着在植物的叶子上。

露和霜常出现在植物的叶子上,那么它们是不是一回事呢?告诉你吧,露和霜是有区别的,这主要由于它们出现的时间和形成所需的温度不同。在温暖季节的清晨,我们可以看到路边的草、树叶及农作物上有一颗颗如珍珠般晶莹剔透的小水珠,这就是露。而

窗霜

霜的类型

No.1

白霜
水蒸气接触较冷的物体时在物体表面立刻凝结,生成的细长的针形霜。

No.2

雾凇
水分在冻结前已冷却到大大低于0℃时,形成一层厚厚的白冰即雾凇。

No.3

蕨类霜
露滴冷却到冰点以下时,可在窗户上形成纤细的冰晶踪迹。

<ruby>霜<rt>shuāng</rt></ruby> <ruby>则<rt>zé</rt></ruby> <ruby>常<rt>cháng</rt></ruby> <ruby>出<rt>chū</rt></ruby> <ruby>现<rt>xiàn</rt></ruby> <ruby>在<rt>zài</rt></ruby> <ruby>寒<rt>hán</rt></ruby> <ruby>冷<rt>lěng</rt></ruby> <ruby>季<rt>jì</rt></ruby> <ruby>节<rt>jié</rt></ruby> <ruby>的<rt>de</rt></ruby> <ruby>清<rt>qīng</rt></ruby> <ruby>晨<rt>chén</rt></ruby>，<ruby>它<rt>tā</rt></ruby> <ruby>们<rt>men</rt></ruby> <ruby>是<rt>shì</rt></ruby> <ruby>附<rt>fù</rt></ruby> <ruby>着<rt>zhuó</rt></ruby> <ruby>在<rt>zài</rt></ruby> <ruby>草<rt>cǎo</rt></ruby> <ruby>叶<rt>yè</rt></ruby>、<ruby>土<rt>tǔ</rt></ruby> <ruby>块<rt>kuài</rt></ruby> <ruby>等<rt>děng</rt></ruby> <ruby>低<rt>dī</rt></ruby> <ruby>矮<rt>ǎi</rt></ruby> <ruby>物<rt>wù</rt></ruby> <ruby>体<rt>tǐ</rt></ruby> <ruby>上<rt>shang</rt></ruby> <ruby>的<rt>de</rt></ruby> <ruby>一<rt>yī</rt></ruby> <ruby>层<rt>céng</rt></ruby> <ruby>小<rt>xiǎo</rt></ruby> <ruby>冰<rt>bīng</rt></ruby> <ruby>晶<rt>jīng</rt></ruby>。<ruby>不<rt>bú</rt></ruby> <ruby>过<rt>guò</rt></ruby>，<ruby>露<rt>lù</rt></ruby> <ruby>和<rt>hé</rt></ruby> <ruby>霜<rt>shuāng</rt></ruby> <ruby>大<rt>dà</rt></ruby> <ruby>都<rt>dōu</rt></ruby> <ruby>出<rt>chū</rt></ruby> <ruby>现<rt>xiàn</rt></ruby> <ruby>于<rt>yú</rt></ruby> <ruby>天<rt>tiān</rt></ruby> <ruby>气<rt>qì</rt></ruby> <ruby>晴<rt>qíng</rt></ruby> <ruby>朗<rt>lǎng</rt></ruby>、<ruby>无<rt>wú</rt></ruby> <ruby>风<rt>fēng</rt></ruby> <ruby>或<rt>huò</rt></ruby> <ruby>有<rt>yǒu</rt></ruby> <ruby>微<rt>wēi</rt></ruby> <ruby>风<rt>fēng</rt></ruby> <ruby>的<rt>de</rt></ruby> <ruby>夜<rt>yè</rt></ruby> <ruby>晚<rt>wǎn</rt></ruby>。

智慧 小考官

露对农业生产有什么
作用吗？

　　露对农业生产是有益的。在中国北方的夏季，水分蒸发很快，遇到缺雨时，农作物的叶子有时白天被晒得发干。有了夜间的露，叶子就可以恢复原状，所以人们把"雨露"并称为大自然的恩赐。

晨露

有露水时，一般天气晴好。

我只看见过露，因为我只在温暖的天气活动。

雾是如何形成的?
wù shì rú hé xíng chéng de

在大雾天不能打棒球,因为你看不清球的方向。

在天气较冷的时候,我们出门时常常发现自己看不清远处的物体,这是雾在作怪。雾是怎么形成的?为什么它能阻挡我们的视线呢?你做过这样的游戏吗?将冰块放在装有少量水的瓶口上,瓶内水面以上

美丽的雾凇是在冬季有雾的条件下形成的。

雾中含有部分可吸入污染物。

智慧 小考官

雾有危害吗?

雾天不利于空气中污染物的扩散,雾中的水蒸气易吸附大量的污染物,使空气质量下降,吸入后对人体有害。农作物如水果、蔬菜在生长过程中黏附上有害雾滴,会使果实长斑点,促进霉菌的生长。在雾天,公路交通、飞行航运等都会受到严重影响。

雾景

冬天湖面上经常会形成蒸汽雾。

jiù huì chū xiàn bái qì "bái qì" chū xiàn de
就 会 出 现 "白 气"。"白 气" 出 现 的

yuán yīn shì hán lěng de bīng kuài shǐ píng nèi qì wēn jiàng
原 因 是 寒 冷 的 冰 块 使 瓶 内 气 温 降

辐射作用消失的热
冷空气　雾　冷空气
辐射雾

dī píng zhōng de shuǐ zhēng qì yù lěng níng jié chéngxiǎo
低，瓶 中 的 水 蒸 气 遇 冷 凝 结 成 小

雾中的有害物质会危及人体。

shuǐ dī wù hé bái qì de xíng chéng dào lǐ yí yàng wù yóu dà
水 滴。雾 和 "白 气" 的 形 成 道 理 一 样。雾 由 大

qì zhōng wú shù wēi xiǎo de shuǐ dī hé bīng jīng zǔ chéng zhè xiē xiǎo shuǐ dī huò
气 中 无 数 微 小 的 水 滴 和 冰 晶 组 成，这 些 小 水 滴 或

平流雾

bīng jīng xuán fú zài jìn dì miàn de
冰 晶 悬 浮 在 近 地 面 的

暖湿的空气　雾
冷水面

dà qì céng zhōng kě yǐ shǐ kōng
大 气 层 中，可 以 使 空

qì hún zhuó néng jiàn dù jiàng dī
气 混 浊，能 见 度 降 低。

wèi shén me xuě huā yǒu liù gè bàn
为什么雪花有六个瓣?

xià xuě de shí hou   rú guǒ nǐ bǎ
下雪的时候，如果你把

xuě huā fàng zài fàng dà jìng xià guān
雪花放在放大镜下观

chá   jiù huì fā xiàn xuě huā
察，就会发现雪花

雪花是由小冰晶形成的。

de xíng tài duō zhǒng duō yàng
的形态多种多样，

bú guò tā men dōu yǒu liù gè bàn   yuán lái
不过它们都有六个瓣。原来，

zhè shì yīn wèi xíng chéng xuě huā de xiǎo bīng jīng
这是因为形成雪花的小冰晶

dōu shì tiān rán de liù jiǎo xíng kē lì   bú guò
都是天然的六角形颗粒。不过，

xiǎo bīng jīng zài jiàng luò guò chéng zhōng
小冰晶在降落过程中，

我们都知道雪花有六个瓣!

yóu yú zhōu wéi de shuǐ qì yǒu duō yǒu
由于周围的水汽有多有

shǎo   yù lěng níng jié zài xiǎo
少，遇冷凝结在小

各种形状的雪花

bīng jīng shang de shuǐ qì yě duō shǎo bù yī   yīn cǐ
冰晶上的水汽也多少不一，因此

xuě huā jiù xíng chéng bù tóng de xíng tài le
雪花就形成不同的形态了。

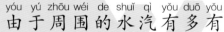
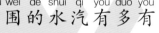
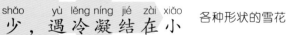

xuàn lì de jí guāng shì rú hé chū xiàn de
绚丽的极光是如何出现的?

jí guāng shì tài yáng huó dòng yǔ dì qiú dà qì zuò yòng
极光是太阳活动与地球大气作用

de jié guǒ   tài yáng nèi bù hé biǎo miàn yǒu gè zhǒng hé fǎn
的结果。太阳内部和表面有各种核反

yìng   yóu cǐ chǎn shēng de qiáng dà dài diàn wēi
应,由此产生的强大带电微

lì xiàng fēng yí yàng yǐ jí dà de sù dù
粒像风一样以极大的速度

chuī xiàng sì miàn bā fāng   dāng zhè zhǒng   tài yáng fēng   chuī rù dì
"吹"向四面八方。当这种"太阳风"吹入地

qiú liǎng jí wài wéi de gāo kōng dà qì
球两极外围的高空大气

shí   jiù huì yǔ qì tǐ fēn zǐ zhuàng
时,就会与气体分子撞

jī bìng chǎn shēng fā guāng xiàn xiàng
击并产生发光现象。

jí guāng jiù zhè yàng xíng chéng le
极光就这样形成了。

太阳风吹向太阳系周边,极光的形成就与之有关。

观赏极光的最佳地区是两极附近。

紫色的极光

绿色的极光

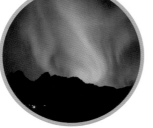

蓝色的极光

黄色的极光

在冰天雪地的北极能看到极光吗?

植物是吃什么长大的？

寄生也是植物的一种生存方式。

植物和人一样，如果要健康地成长，就需要"吃"东西。不过，植物所需的"食物"大都是自己生产的。植物体上的一片片叶子就好比一个个小工厂，叶子里的叶绿素就是工厂里的"小工人"。叶绿素能利用阳光的照射将水和二氧化碳制成糖、纤维素和淀粉等物质，这个过程就叫光合作用。当

在阳光下，植物生长得欣欣向荣。

植物也会从土壤中吸取营养。

植物也要有"食物"才能成长。

rán　zhí wù yào chéng zhǎng　chú le chī zì jǐ zhì zào
然，植物要成长，除了吃自己制造

de　shí wù　wài　hái yào chī cóng tǔ rǎng zhōng huò qǔ de
的"食物"外，还要吃从土壤中获取的

shuǐ fèn yǐ jí tàn qīng yǎng dàn lín jiǎ gài měi liú
水分以及碳、氢、氧、氮、磷、钾、钙、镁、硫

děng duō zhǒng kuàng
等多种矿

wù yuán sù
物元素。

智慧 小考官

所有的植物都能自己制造食物吗?

　　不是所有的植物都能自己制造食物，像菟丝子等寄生植物和水晶兰等腐生植物就不能自己制造食物。菟丝子长期依赖寄主生存，它的线状茎上的叶片已退化成了半透明的鳞片；而水晶兰则靠着腐烂的植物来获得养分。

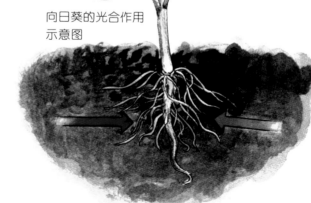
阳光
二氧化碳
氧气
向日葵的光合作用示意图

植物有没有好朋友?

不光我们人类有好朋友，植物也有自己的好朋友。比如，大豆和玉米就是好朋友，它们常常被农民伯伯种在一块儿。

鸟儿也是植物的好朋友。

大豆的小幼苗怕晒太阳，高高的玉米苗就伸出援手，用自己又长又密的叶片来帮助它遮挡阳光。

大豆的根部长着根瘤，其中的根瘤菌可以将空气中的氮气转化成氮肥。为了感谢玉米

蝴蝶正在帮花儿传粉。

人类也应该和植物成为好朋友。

植物不能动，所以有些难题就要好朋友来帮忙。

de bāng zhù　dà dòu jiù jiāng zì jǐ zhì zào chū de dàn féi
的帮助，大豆就将自己制造出的氮肥

yuán yuán bú duàn de fēn gěi yù mǐ xiǎng yòng　shǐ tā néng
源源不断地分给玉米享用，使它能

gòu shēng zhǎng de gèng hǎo
够生长得更好。

小蜜蜂能帮花朵传粉。

玉米是大豆的好朋友。

智慧 小考官

植物有动物朋友吗？

　　各种植物除了有自己的植物朋友外，还有小鸟、蜜蜂等动物朋友。小鸟帮大树捉虫子，大树请小鸟吃果实；植物的花朵要靠小蜜蜂来传粉，小蜜蜂可以从花朵那里得到香甜的蜜汁，等等。

蝴蝶也是花儿的好朋友。

植物会自己播种吗？

即将射出去的草种

植物很聪明，即使没有人类帮忙，也能想出巧妙的办法把种子传播出去。例如，喷瓜成熟以后，会在果实里面产生大量的浆液。使果皮内外形成很大的压力差，当压力达到一定的程度时，果皮就炸开了，使瓜里的种子像子弹一样射向四面八方。风露

柳树开花结果后，种子会借助顶端的毛束，轻盈地飞向远方，这就是我们常见的柳絮。

看看哪些种子是靠着流水传播的！

三角草 ☑

椰子 ☑

钓船草 ☑

篦藻 ☑

智慧 小考官

果实成熟后,为什么会往下掉?

果实成熟后,果实与树枝的结合部分逐渐裂开,在地球引力的作用下,成熟的果实就会往下掉。这样,果实里面的种子就能在地面上生根发芽,长出新的后代。

cǎo de zhǒng zi néng yī kào cháng máng de yì shēn yì
草的种子能依靠长芒的一伸一
suō zài dì miàn shang pá xíng dà dòu lù dòu
缩,在地面上爬行。大豆、绿豆、
wān dòu děng jiá guǒ chéng shú hòu dòu jiá huì zì dòng
豌豆等荚果成熟后,豆荚会自动
zhà liè jiāng zhǒng zi tán shè dào yuǎn chù rán hòu
炸裂,将种子弹射到远处,然后
zhǒng zi jiù zài xīn de dì fang shēng gēn fā yá
种子就在新的地方生根发芽。

掉到地上的种子

种子是怎么长成幼苗的?

一颗小小的种子,一旦遇到充足的阳光,足够的水分,适宜的温度、湿度和空气,藏在它肚子里的小生

种子发芽

命——胚就开始生长了。胚一边利用种子已经准备好的营养,一边不断地从土壤中吸收各种养分,努力生长,最终撑破柔韧的外衣——种皮,长出嫩嫩的幼芽,同时还将细细的须根伸到泥土中。那

松树的种子包裹在坚韧的松塔中。

一颗小小的树种最终会长成一棵大树!

nèn nèn de yòu yá　suī rán kàn qi lai hěn róu ruò　què
嫩嫩的幼芽，虽然看起来很柔弱，却

hěn yǒu shēng mìng lì　tā bú duàn zhǎng gāo　zuì zhōng
很有生命力，它不断长高，最终

huì pò tǔ ér chū　zhǎng chéng yì zhū
会破土而出，长成一株

jiē shi de yòu miáo
结实的幼苗。

人工培育的烟草幼苗

现在，你知道种子是怎么长成幼苗的了吧？

正在发芽的幼苗

种子发芽示意图

这些种子在发芽时具有惊人的力量。

智慧 小考官

为什么有人称种子为"大力士"？

种子被称为"大力士"，这可是名副其实的。别看植物的幼苗很柔弱，它们最初萌发时具有不可思议的力量，常常会从石头缝里挤出来。如果许多种子一起发芽生长，它们能将盖在上面的大石头顶翻呢！

幼苗为什么能长成大树？

小幼苗从泥土里钻出来以后，先直直身子，抖掉身上的泥土，然后拼命地从泥土里吸收水分和营养，于是，它的根越来越长，越来越粗，向四面八方伸展开，以便吸收更多的水分和营养，输送到茎干和叶子里去。同时，幼苗的叶子在阳光的照耀下，制造出各种营养物质，除了自己

正在成长的树林

经过多年以后，一株小苗能长成一棵参天大树。

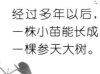

幼苗破土而出。

幼苗渐渐长高。

幼苗茁壮成长，茎叶也完全舒展开了。

xiǎng yòng wài hái tí gōng gěi gēn jīng zhè yàng xiǎo miáo
享用外，还提供给根、茎，这样，小苗

de gēn jiù néng yuè zhǎng yuè dà yuè zhǎng yuè cháng jīng yě
的根就能越长越大，越长越长，茎也

yuè zhǎng yuè cū yuè zhǎng yuè gāo jīng guò hǎo duō nián yǐ
越长越粗，越长越高，经过好多年以

hòu xiǎo miáo zuì zhōng huì zhǎng chéng yì kē dà shù
后，小苗最终会长成一棵大树。

茎的构造示意图

草本植物只能活
一年或几年。

木本植物能活很多年。

所有的大树都是由
小小的幼苗长成的。

智慧 小考官
植物能活多久呢?

　　在不受到外界影响时，木本植物能活很长时间，几十年、几百年甚至上千年，而草本植物则只能活一年或几年。大部分植物从小苗开始一直保持着生长，直到死亡。因此，植物能越长越高。

shù de nián líng zěn me kàn
树的年龄怎么看？

xiǎo shù yì nián yì nián de zhǎng chéng dà shù tā
小树一年一年地长成大树，它

men dāng rán yě shì yǒu nián líng de kě wǒ men zěn yàng
们当然也是有年龄的！可我们怎样

cái néng zhī dào tā men de nián líng ne hěn jiǎn dān zhǐ yào shǔ yi shǔ shù gàn li de
才能知道它们的年龄呢？很简单，只要数一数树干里的

yuán quān jiù xíng le zhè xiē yuán quān dà xiǎo bù yī dà quān tào zhe xiǎo quān zhè xiē
圆圈就行了。这些圆圈大小不一，大圈套着小圈，这些

quān bèi chēng wéi shù mù de nián lún nián lún shòu shù mù shēng zhǎng jì jié de yǐng xiǎng
圈被称为树木的年轮。年轮受树木生长季节的影响，

suǒ yǐ yán sè lüè yǒu bù tóng yì bān qíng kuàng xià yí gè yuán quān dài biǎo yí suì
所以颜色略有不同。一般情况下，一个圆圈代表一岁，

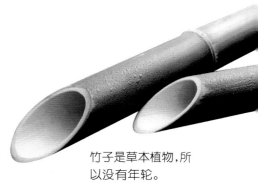

竹子是草本植物，所以没有年轮。

树木茎干的结构示意图

髓

形成层

木质部　木栓层　韧皮部　树皮

越老的树，年轮越多。

lǎo shù nián jì dà　shù gàn li de yuán quān jiù duō　xiǎo
老树年纪大，树干里的圆圈就多；小

shù nián jì xiǎo　shù gàn li de yuán quān jiù shǎo　shén
树年纪小，树干里的圆圈就少。什

me shí hou yù jiàn shù zhuāng le　　　nǐ yě shǔ yi
么时候遇见树桩了，你也数一

shǔ tā duō dà nián jì
数它多大年纪

le ba
了吧！

智慧 小考官

所有的植物都有年轮吗？

当然不是啦！植物分为木本植物和草本植物，只有木本植物才有年轮，像含羞草、牵牛花等花花草草属于草本植物，它们是没有年轮的。

历史悠久的天坛"九龙柏"。

美丽的牵牛花是没有年轮的。

从年轮可以看出这棵大树的年龄。

shù mù xū yào hū xī ma
树木需要呼吸吗？

hé dòng wù jí rén lèi yí yàng shù mù yě
和动物及人类一样，树木也

xū yào hū xī yīn wèi hū xī kě yǐ gěi tā
需要呼吸，因为呼吸可以给它

men tí gōng shēng zhǎng suǒ xū de néng
们提供 生 长所需的能

liàng suī rán shù mù méi yǒu
量。虽然树木没有

zhǎng bí kǒng dàn shì tā men yǒu
长鼻孔，但是它们有

hū xī de qì kǒng bú xìn nǐ
呼吸的气孔，不信你

yòng fàng dà jìng zǐ xì kàn kan tā men de
用 放 大 镜 仔 细 看 看 它 们 的

yè piàn nà shàng miàn zhēn de yǒu xǔ xu duō
叶片，那上 面真的有许许多

duō de xiǎo kǒng ne yǎng qì èr
多的小孔呢！氧气、二

树木如果不呼吸，也会憋死的。

叶片剖面图

84 >

yǎng huà tàn děng qì tǐ jiù shì tōng guò zhè xiē xiǎo kǒng
氧化碳等气体就是通过这些小孔

jìn chū de lǜ yè shang de xiǎo kǒng yě xiàng rén de
进出的。绿叶上的小孔也像人的

bí kǒng yí yàng cóng lái bù guān bì suǒ yǐ shù mù
鼻孔一样，从来不关闭，所以树木

yě xiàng wǒ men yí yàng bù guǎn bái tiān hái shi yè
也像我们一样，不管白天还是夜

wǎn shí shi kè kè dōu zài hū xī zhe xīn xiān
晚，时时刻刻都在呼吸着新鲜

kōng qì
空气。

智慧 小考官

植物一直在呼出氧气吗?

不是这样的。光合作用是绿色植物特有的,植物进行光合作用时消耗二氧化碳而呼出氧气。但植物的呼吸作用与我们相同,都是消耗氧气、呼出二氧化碳。总体来说,植物释放的氧气比释放的二氧化碳要多。

吸收阳光

叶子的光合作用

释放氧气

我也要呼吸!

释放氧气

吸收二氧化碳

树木只有呼吸新鲜空气,才会长得如此旺盛。

植物的呼吸是植物生命活动的能量来源和物质基础。

为什么树木在秋天会落叶？

wèi shén me shù mù zài qiū tiān huì luò yè

进入秋天，气温渐渐下降，空气变

得干燥起来，树木的水分蒸发过快，

松柏类植物到了冬天依然绿油油的。

而树根吸收水分的能力却在减弱。为

了生存，许多树便纷纷落掉叶子。杨树、梧桐等落叶树

的叶子比较宽大，蒸发的水分比较多，不能适应秋冬季节

大树的叶子掉到土里，被细菌分解后，又会变成大树的营养。

在秋天，扫落叶
是一件麻烦事。

的干燥天气，叶子掉落对它们是有好处的，这样一方面可以减少体内水分的蒸发，一方面又可以避免被冻伤。而松柏类的针叶树，由于树叶蒸发的水分少，叶子的寿命比落叶树的叶子长，所以在秋天不需要落掉全部的叶子。

秋天的时候，树林里到处都是落叶。

松叶

智慧 小考官

常绿树会落叶吗？

别看常绿树保持着四季常青的样子，其实它们也要落叶，而且一年四季都在落。只不过它们每次落下的树叶很少，老叶子刚落下，新叶子又长出来了，人们不容易发现而已。

常绿的松柏

森林里的树为什么不用浇水？

我们经常要给养在花盆里的花草浇水，但是森林里的大树却不需要人给它浇水。这是因为花盆里的空间有限，泥土很少，能够储存的水分也不多，而且很容易蒸发掉。但是森林里的大树长

给花盆里的花浇适量的水可以让它们长得更好。

植物和人一样，需要适量的水分才会长大！

植物生长需要适量的水。

zhe xǔ duō yòu cū yòu cháng de gēn   néng gòu shēn zhǎn dào hěn
着许多又粗又长的根，能够伸展到很

shēn de dì xià   zhǎo dào fēng fù de dì xià shuǐ yuán   cóng
深的地下，找到丰富的地下水源，从

zhōng xī qǔ shuǐ fèn   bǎo zhèng zì jǐ shēng zhǎng de xū yào
中吸取水分，保证自己生长的需要。

sēn lín li de dà shù yì bān qíng kuàng xià bù xū yào rén
森林里的大树一般情况下不需要人

gěi tā men jiāo shuǐ   bú guò   yù dào tè bié gān hàn
给它们浇水，不过，遇到特别干旱

de tiān qì   rén men yě yào gěi dà shù jiāo diǎn shuǐ
的天气，人们也要给大树浇点水

cái hǎo
才好。

森林里的大树一般不需要浇水。

树顶上的枝叶照样可以得到水分。

智慧 小考官

树顶上的叶子是怎么获得水分的？

我们知道，大树是用根吸收地下的水分的，那树顶上的叶子怎么获得水分呢？原来，树干和树枝里有许多小管子，它们可以把树根从泥土里吸取来的水分输送到树顶叶子那儿去。

为什么草和树都是绿色的？

春天一到，嫩嫩的小草便从野地里冒出头来，树叶也争先恐后地从茎干上伸展开来。这时候，小草和树叶已经吸收了从根部输送来的水分和营养，当它们被温暖的阳光照晒时，就会生产出一些绿色的小东西——叶绿素。

绿叶

一到春天，小草和树叶全都变绿了。

你知道树叶为什么是绿色的吗？

90

yè lǜ sù kě yǐ xī shōu hé chuán dì guāng néng，shì xiǎo cǎo hé shù yè jìn xíng guāng hé
叶绿素可以吸收和传递光能，是小草和树叶进行光合

zuò yòng bì bù kě shǎo de wù zhì　yè lǜ sù hái huì shǐ xiǎo cǎo hé shù yè biàn lǜ
作用必不可少的物质。叶绿素还会使小草和树叶变绿。

xià tiān　shì xiǎo cǎo hé shù yè shēng zhǎng de wàng shèng jì jié　tā men de tǐ nèi néng bú
夏天，是小草和树叶生长的旺盛季节，它们的体内能不

duàn shēng chǎn chū dà liàng de yè lǜ sù　yīn cǐ　tā men jiù biàn de yuè lái yuè lǜ le
断生产出大量的叶绿素，因此，它们就变得越来越绿了。

如果没有绿叶，红花也会逊色不少。

秋天，树叶会变黄。

智慧 小考官

为什么暗处的幼苗呈现出嫩黄色？

小草和树叶只有在阳光的照晒下，才能产生叶绿素，呈现出绿色。如果没有阳光，植物就不会是绿色，所以在大树下或墙角处不见阳光的地方长出的幼苗是嫩黄色的。

为什么叶子的形状不一样?
wèi shén me yè zi de xíng zhuàng bù yí yàng

bù tóng zhǒng lèi zhí wù de yè zi de xíng zhuàng yǒu hěn
不同种类植物的叶子的形状有很

dà de chā yì　hé yè xiàng yuán yuán de tuō pán　yín xìng yè
大的差异。荷叶像圆圆的托盘,银杏叶

xiàng xiǎo xiǎo de shàn zi　fēng yè xiàng xiǎo péng yǒu de shǒu zhǎng
像小小的扇子,枫叶像小朋友的手掌

zhè shì yīn wèi gè zhǒng zhí wù de yí chuán tè zhēng yǒu
……这是因为各种植物的遗传特征有

不同的植物,叶子的形状也不
一样。

chā bié　bìng qiě　zhí wù shēng zhǎng huán jìng de bù tóng　yě huì yǐng xiǎng tā men yè zi de
差别,并且,植物生长环境的不同,也会影响它们叶子的

xíng zhuàng　gān zào hán lěng dì qū de zhí wù yè piàn bǐ jiào xiǎo　máo róng róng de　yán rè
形状。干燥寒冷地区的植物叶片比较小,毛茸茸的;炎热

shī rùn dì qū de zhí wù yè piàn kuò dà　yě bǐ jiào guāng huá
湿润地区的植物叶片阔大,也比较光滑。

让我看看,这些
叶子中有没有我认
识的!

No.1
掌裂叶

No.2
掌状叶

No.3
复叶

No.4
椭圆形叶

No.5
圆形叶

No.6
掌状叶

No.7
针形叶

No.8
戟形叶

叶片上为什么会长"筋"？
ye piàn shang wèi shén me huì zhǎng jīn

叶片上那些像"筋"一
yè piàn shang nà xiē xiàng jīn yí

样的东西是叶片的脉纹，
yàng de dōng xi shì yè piàn de mài wén

称为叶脉。每一片叶
chēng wéi yè mài měi yí piàn yè

子都有自己的脉纹，它
zi dōu yǒu zì jǐ de mài wén tā

叶片上的脉
纹清晰可见。

们各不相同，贯穿整个叶片。你可别小看这些叶脉，它
men gè bù xiāng tóng guàn chuān zhěng gè yè piàn nǐ kě bié xiǎo kàn zhè xiē yè mài tā

们的作用可大了，不仅能帮叶子输送水分、无机盐，输出
men de zuò yòng kě dà le bù jǐn néng bāng yè zi shū sòng shuǐ fèn wú jī yán shū chū

光合作用的产物，还能支撑叶片，使它们完全伸展开，
guāng hé zuò yòng de chǎn wù hái néng zhī chēng yè piàn shǐ tā men wán quán shēn zhǎn kāi

看起来平平整整的。
kàn qi lai píng píng zhěng zhěng de

我的手上也有手
纹，是不是和叶脉
一样啊？

平行叶脉

分叉叶脉

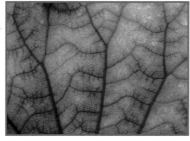

网状叶脉

仙人掌为什么要长刺?
xiān rén zhǎng wèi shén me yào zhǎng cì

仙人掌的故乡原本是在大沙漠里，那里既炎热又干燥。开始时，仙人掌身上没有小刺，只有叶子。那些叶子每天不知要蒸发掉多少水分！后来随着一代一代地进化，仙人掌为了能在干旱的沙漠里生存下去，就尽量减少水分的散失，并用身体将那些水分小心地储存起来。

浑身长满小刺的仙人掌

仙人掌的花原来这么娇嫩漂亮啊!

仙人掌科植物也会开花。

不同植物根的深度是不同的。

yīn cǐ tā de yè zi màn màn de yuè zhǎng
因此，它的叶子慢慢地越长

yuè xiǎo zuì hòu biàn chéng le yì gēn gēn xiǎo
越小，最后变成了一根根小

cì suǒ yǐ zhè xiē cì qí shí jiù shì xiān
刺。所以，这些刺其实就是仙

rén zhǎng de yè zi
人掌的叶子！

仙人掌具有惊人的耐旱能力。

沙漠的气候非常干旱，仙人掌的小刺就是适应这种环境的结果。

智慧 小考官

为什么仙人掌的根很长？

　　生长在沙漠的仙人掌的根往往很长，其实这是仙人掌对沙漠生活的一种主动适应。沙漠太干燥了，地表基本没有水分，仙人掌只有靠着长长的根，才能吸收到地下深处的水分。

仙人掌装点了荒凉的沙漠。

含羞草为什么会害羞?
hán xiū cǎo wèi shén me huì hài xiū

含羞草像一个害羞的小姑娘,你
hán xiū cǎo xiàng yí gè hài xiū de xiǎo gū niang nǐ

只要轻轻碰一下,它就会合拢叶片。
zhǐ yào qīng qīng pèng yí xià tā jiù huì hé lǒng yè piàn

这是因为含羞草的小叶片以及叶柄和
zhè shì yīn wèi hán xiū cǎo de xiǎo yè piàn yǐ jí yè bǐng hé

合拢起来的含羞草叶子

茎相连的部位有一个膨大的部分,即特化
jīng xiāng lián de bù wèi yǒu yí gè péng dà de bù fen jí tè huà

细胞。一般情况下,特化细
xì bāo yì bān qíng kuàng xià tè huà xì

胞里充满水分,保持着饱满的状
bāo li chōng mǎn shuǐ fèn bǎo chí zhe bǎo mǎn de zhuàng

态。但一受到刺激,其下部的水分便
tài dàn yí shòu dào cì jī qí xià bù de shuǐ fèn biàn

"害羞"的含羞草

会迅速向
huì xùn sù xiàng

上部或两侧流
shàng bù huò liǎng cè liú

去,因此叶柄就垂了
qù yīn cǐ yè bǐng jiù chuí le

下来,叶片也就随之
xià lái yè piàn yě jiù suí zhī

闭合下垂。
bì hé xià chuí

原来是这样啊,我还以为含羞草真的很容易害羞呢!

杨树为何挂满"毛毛虫"？

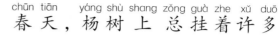

这是真正的毛毛虫。

春天，杨树上总挂着许多"毛毛虫"，其实那是杨树的花朵。每年当杨树叶子变黄落下时，树上就会长出许多小芽，也就是花苞。春天一来，小芽展开，就成了"毛毛虫"。"毛毛虫"是由许多小球组成的，小球越长越大，最后胀破肚皮，露出棉絮状的小白毛毛，杨树种子就藏在白毛毛里。

杨树上的"毛毛虫"

杨树的花朵很像毛毛虫。

杨树的"毛毛虫"有时也会把人吓一跳！

生活在塔克拉玛干沙漠中的胡杨树

后面更精彩哟……

为什么花有多种颜色？

花儿的颜色五彩斑斓，科学家研究发现，这其实是类黄酮、花青素和类胡萝卜素在搞怪。目前，已发现的类黄酮有五六百种之多，不同种类的类黄酮能使花呈现出不同的颜色。而花青素随着其酸碱度的变化也会使花分别呈现红色、紫色或者蓝色。另外，不同的类胡萝卜素又使花儿呈现出黄色、橙色或者橘红色。由于这几种色素在花

黄色和白色的水仙花

花有各种美丽的颜色。

在春天,五彩缤纷的花朵让人眼花缭乱。

bàn zhōng de hán liàng bù yí yàng zài
瓣 中 的 含 量 不 一 样 ，再

jiā shàng shuǐ fèn rì zhào wēn dù
加 上 水 分 、日 照 、温 度

de chā bié huār biàn chéng xiàn
的 差 别 ，花 儿 便 呈 现

chū gè zhǒng bù tóng de sè cǎi le
出 各 种 不 同 的 色 彩 了 。

白色的蝴蝶兰

蝴蝶喜欢色彩鲜艳的花朵。

紫色的花朵

不同色彩的郁金香

智慧 小考官

为什么有些花会变颜色?

　　有些花在刚绽开的时候是一种颜色，而后就慢慢地变成另一种颜色，这种现象和花瓣中的色素变化有关系。这些花瓣里的色素含量会随着温度、酸碱度等因素的变化而变化，所以花儿的颜色也就改变了。

花都有香味吗？
huā dōu yǒu xiāng wèi ma

春天的时候，我们经常 能

闻到花儿散发的香气，但是，并

不是所有的花儿都有香味。

一些花朵依靠艳丽的色彩就能吸引昆虫或小鸟来传粉，所以它们几乎没有香气。

其实，香味是一些花朵为了吸引小昆 虫来传粉而发出的

信号。一些花没有鲜艳的色彩，不能吸引昆 虫，于是它们就

在花瓣里产 生一种叫芳香油的物质，使花散发出很浓

的香味。但是杜鹃、牵牛花等，由于拥有美丽鲜艳的颜色，

没有必要再以香气吸引昆虫，所以它们几乎没有香味。

一般颜色素淡一点的花比较香。

桂花常散发出宜人的清香。

猜猜看，这朵花有没有香味？

无花果真的不开花吗?
wú huā guǒ zhēn de bù kāi huā ma

无花果树

无花果

你是不是认为无花果真的不开花就能结果呢?其实不对,无花果也是要开花的。一般的植物总是将花朵伸展得高高的,露出花冠、雌蕊、雄蕊来吸引蜜蜂、蝴蝶传粉,而无花果的花却静悄悄地藏在一个肥大的花托里,圆球似的花托将花朵从头到脚包得严严实实的,只为传粉的小虫留下了一个小孔,所以很多人就以为它不开花。

无花果肥大的花托

棉花做成衣服
的过程

松散的棉花

棉花被清洗、
捶薄。

棉花被梳理。

棉绳

mián huā shì huā ma
棉花是花吗？

xǔ duō rén dōu rèn wéi jié bái de mián huā jiù shì mián huā
许多人都认为洁白的棉花就是棉花

de huā qí shí mián huā zhǐ shì zhǎng zài mián zǐ shang de róng
的花，其实，棉花只是长在棉籽上的绒

máo zhēn zhèng de huā kāi fàng zài chū xià tā zhǎng de hěn
毛。真正的"花"开放在初夏，它长得很

piào liang hái kě yǐ biàn huàn yán sè huā diāo xiè yǐ hòu mián
漂亮，还可以变换颜色。"花"凋谢以后，棉

zhī shang huì màn màn de jiē chū yí gè gè mián táo měi nián
枝上会慢慢地结出一个个棉桃。每年9、10

yuè fèn děng mián táo chéng shú liè kāi kǒu hòu jiù huì lù chū xuě
月份，等棉桃成熟裂开口后，就会露出雪

bái de mián huā le
白的"棉花"了。

最后加工好
的棉线

原来，我们平时见的
棉花是棉籽上的绒毛
啊，我还以为是棉花的
花呢！

棉线被制成棉布，棉布
再被做成衣服。

棉花只是长在
棉籽上的绒毛。

洋葱头是根还是茎?

洋葱头虽然是从地底下挖出来的，但它不是根，而是膨大的鳞茎，洋葱头底下那胡须一样的东西才是洋葱的根。洋葱头底下有一个扁平形状的鳞茎盘，茎盘中央生有顶芽，洋葱头的叶子就是从那里长出来的。顶芽周围生长着一层层白色的鳞片，这些鳞片是由洋葱头的叶子形成的。

洋葱头不是根，而是茎。

许多植物的地下茎看起来都像是根，其实它们都是茎。

洋葱头竟然是洋葱的茎，真是不可思议！

为什么向日葵向着太阳？

向日葵在花蕾期和初开花期总是跟着太阳转，你知道这是什么原因造成的吗？最初，有植物学家研究后认为：向日葵花盘上的生长素分布不均匀，向光一侧的生长素浓度低，因此生长较缓慢；背光一侧的生长素浓度高，生长较快，由此茎就产生

大部分植物会向阳光充足的地方生长。

向日葵

向日葵的花盘看起来很像太阳。

le xiàng guāng xìng wān qū hòu lái kē xué jiā jīng
了向光性弯曲。后来科学家经
guò jìn yí bù yán jiū fā xiàn yáng guāng de rè liàng
过进一步研究发现，阳光的热量
néng dǎo zhì xiàng rì kuí huā pán shàng miàn de xiān wéi shōu
能导致向日葵花盘上面的纤维收
suō shǐ huā pán zhǔ dòng zhuǎn
缩，使花盘主动转
huàn fāng xiàng yǐ jiē shòu guāng
换方向以接受光
hé rè suǒ yǐ xiàng
和热，所以，向
rì kuí zǒng xiàng zhe tài
日葵总向着太
yáng shēng zhǎng
阳生长。

智慧小考官

其他植物也有向光性吗？

大多数植物具有向光生长的特点，向日葵跟着太阳转的现象就证明了植物的向光性。向光性能使植物的茎、叶处于最适合利用光能的位置，这有利于植物接受充足的阳光，从而更好地进行光合作用。

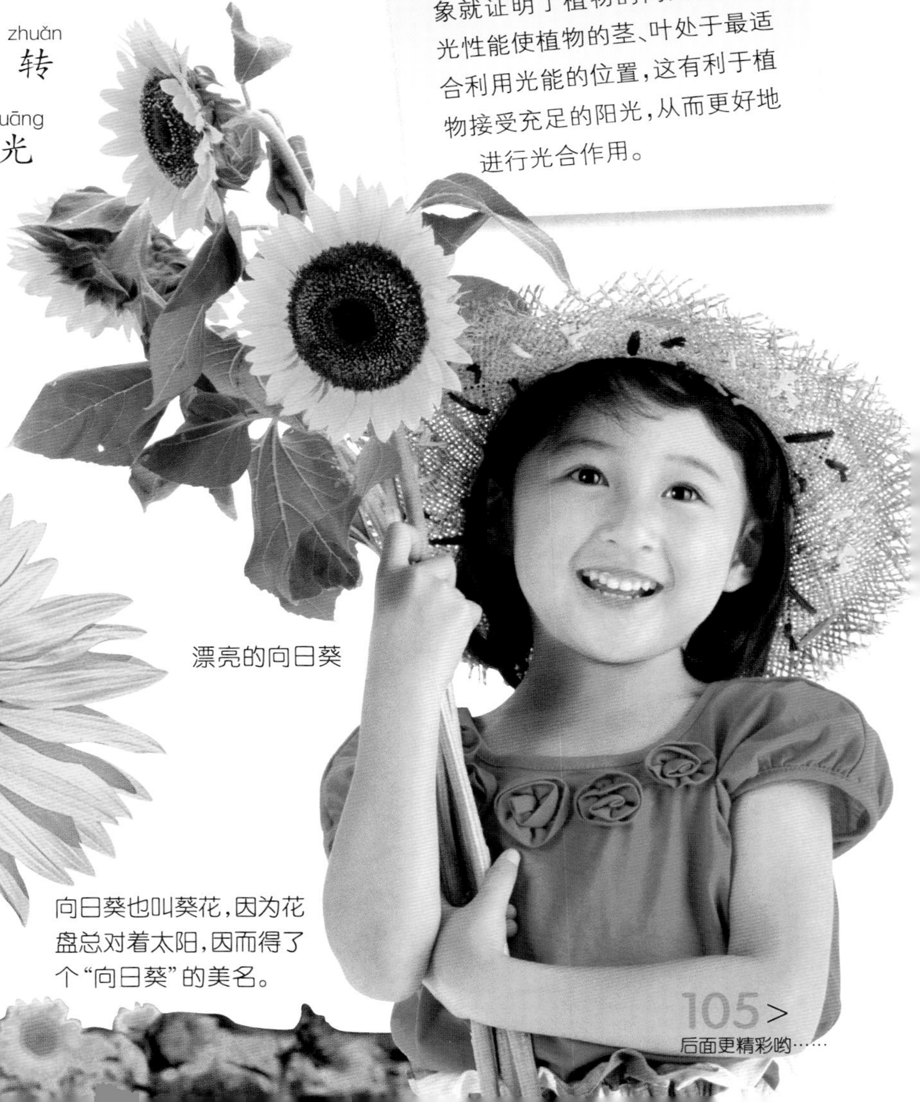

漂亮的向日葵

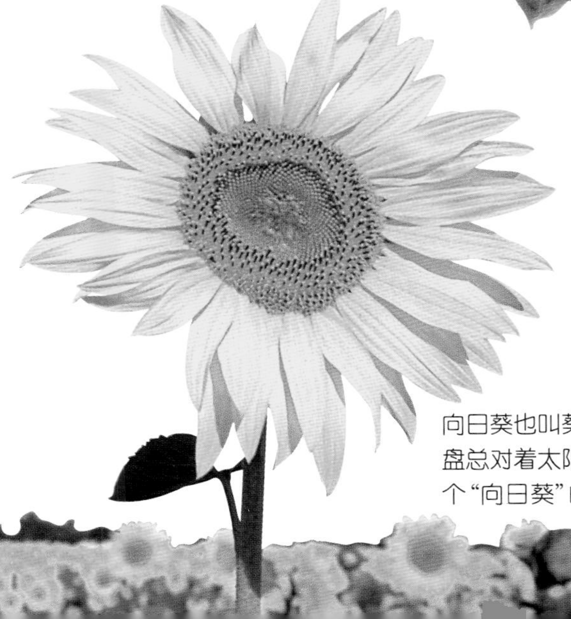

向日葵也叫葵花，因为花盘总对着太阳，因而得了个“向日葵”的美名。

wèi shén me jiǔ cài gē le hái néng zài zhǎng
为什么韭菜割了还能再长？

好吃的韭菜鸡蛋饼

大多数蔬菜收割了就没有了，可是韭菜每次收割以后，只要及时灌溉和施肥，它就可以反复收割很多次。这是为什么呢？原来，韭菜是一种多年生草本植物。它的鳞茎长在地下，里面贮藏了许多营养物质。地上的叶子被割去以后，这些营养物质还能使韭菜重新抽芽生长。

韭菜

我们日常食用的蔬菜也有很多奥秘。

韭薹又名韭菜花，是以采收花薹为主的一类韭菜。

肚里的西瓜子会长苗吗?

西瓜子发芽除了需要合适的条件,如水分、空气、温度等,还需要时间。没

西瓜

有三四天的时间,种子是发不了芽的。进入我们肚子的西瓜子,还没等到发芽,就会被我们排泄出去。因此,如果你不小心吃下了西瓜子,也不要担心,它是不会在你的肚子里长出西瓜苗的。

西瓜是我们夏天常吃的水果。

> 我不小心把西瓜子吃下去了,它们会不会在我肚子里长苗啊?

吃西瓜时,很容易把西瓜子吃下去。

精彩哟……

为什么水果大多为圆球形?

圆球形的西瓜

苹果、桃、西瓜、葡萄、香瓜等大多数水果是圆球形的,这可是有科学道理的哟!

首先,圆球形承受的风吹和雨打的力量要比方形小得多,起风时不易被风吹掉,下雨时雨水会很快滚落下来。再者,圆球形水果的表面积小,水果表面的蒸发量也就小,这样,水分散失少,就更加有利于水果果

大多数水果长成圆球形,这是植物适应大自然的结果。

椭圆形的水果也很常见啊!

苹果也是圆球形的。

智慧 小考官

有方形的水果吗?

你相信吗？还真有方形的水果！近年来，日本的果农培育出了方形的西瓜，他们在瓜藤上结出小西瓜时，就把西瓜搁进方形的玻璃容器中，西瓜就会自然长成方形。方形西瓜易于运输，也便于放进冰箱中冷藏。

shí de shēng zhǎng fā yù ér qiě biǎo miàn jī xiǎo hái
实 的 生 长 发 育 。 而 且 ， 表 面 积 小 还

huì shǐ hài chóng de luò jiǎo chù jiǎn shǎo shuǐ guǒ dé bìng
会 使 害 虫 的 落 脚 处 减 少 ， 水 果 得 病

de jī huì shǎo le chéng huó lù yě
的 机 会 少 了 ， 成 活 率 也

jiù gāo le suǒ yǐ shuǐ guǒ dà
就 高 了 。 所 以 ， 水 果 大

dū zhǎng chéng yuán qiú xíng
都 长 成 圆 球 形 。

圆圆的西红柿

为什么水果有酸有甜？

葡萄成熟以后含的糖分较多，吃起来比较甜。

不同的水果，它的酸甜味道也不一样，有的水果含有糖类物质，吃起来就比较甜；有的水果含有酸类物质，吃起来就比较酸。即使同是含糖的水果，含糖量不一样，酸甜味道也不一样。没有成熟的水果通常会很酸。因为大多数水果在成熟之

不同的水果味道不一样，有的酸，有的甜。

qián guǒ ròu li dān níng suān hé yǒu jī suān de hán liàng
前,果肉里单宁酸和有机酸的含量

bǐ jiào gāo chī qi lai jiù bǐ jiào suān
比较高,吃起来就比较酸。

děng shuǐ guǒ chéng shú le guǒ ròu li táng
等水果成熟了,果肉里糖

de hán liàng tí gāo le chī qi lai cái huì suān
的含量提高了,吃起来才会酸

tián kě kǒu bú guò rú guǒ yǔ shuǐ tài duō
甜可口。不过,如果雨水太多,

guā guǒ jiù bú huì hěn tián le
瓜果就不会很甜了。

柠檬含有较多的酸性物质,所以它即使成熟了也非常酸。

看来,水果也喜欢阳光啊,这样它们才可以变甜!

如果没有充分的阳光照射,这些水果吃起来就会酸酸的。

智慧 小考官

为什么雨水多了,瓜果就不甜呢?

在水果成长的季节,如果阳光充足,天气干燥,水果就会比较甜;但如果常常是阴雨天气,水果就不甜了。因为在阴雨天,瓜果进行光合作用的能力比较弱,产生的糖分比较少,所以瓜果就不甜了。

wèi shén me kàn bu dào xiāng jiāo de zhǒng zi
为什么看不到香蕉的种子?

wǒ men chī píng guǒ shí　　kě yǐ kàn dào píng guǒ hú lǐ miàn yǒu
我们吃苹果时,可以看到苹果核里面有

xǔ duō zhǒng zi　　kě yǎo kāi xiāng jiāo　　què kàn bu dào yí lì zhǒng
许多种子。可咬开香蕉,却看不到一粒种

zi　xiāng jiāo de zhǒng zi dào nǎr　qù le ne　　qí shí ya　　zuì
子,香蕉的种子到哪儿去了呢?其实呀,最

zǎo de xiāng jiāo shì yǒu zhǒng zi
早的香蕉是有种子

de　　bú guò nà xiē zhǒng zi yòu duō
的,不过那些种子又多

yòu xiǎo　　mì mì má má de pái liè zhe　　rén men chī qi lai hěn
又小,密密麻麻地排列着,人们吃起来很

bù fāng biàn　　hòu lái　　kē xué jiā zài rén gōng péi yù　　gǎi liáng xiāng
不方便。后来,科学家在人工培育、改良香

香蕉是很常见的热带水果。

我们看不到香蕉的种子。

柑橘本来有种子,但有些品种经过改良,其种子就会变得非常小,成为无籽柑橘了。

jiāo pǐn zhǒng de guò chéng zhōng xiǎng bàn fǎ ràng xiāng
蕉品种的过程中，想办法让香

jiāo de zhǒng zi yì diǎn diǎn tuì huà le nǐ yǎo kāi
蕉的种子一点点退化了。你咬开

xiāng jiāo hòu zǐ xì kàn yi kàn xiāng jiāo de guǒ
香蕉后，仔细看一看，香蕉的果

ròu lǐ yǒu yì kē kē xiǎo hēi diǎn qí shí nà jiù
肉里有一颗颗小黑点，其实那就

shì tuì huà le de xiāng jiāo zhǒng zi
是退化了的香蕉种子。

智慧 小考官

没有种子，香蕉怎么繁衍后代呢？

农民伯伯将香蕉的地下块茎切成小块，分别种进土里，这样每一块都会长出一株新的香蕉树。他们也可以将香蕉树接近地面的嫩芽摘下来，种到土里去，这样也会长出一株新的香蕉树。

经过嫁接，一棵果树上可以同时结几种水果。

新的生物技术会使水果越来越好吃。

后面更精彩哦……

创世卓越 荣誉出品
Trust Joy Trust Quality

图书在版编目（CIP）数据

怪怪自然：南极和北极，哪边更冷？ / 龚勋主编.
—重庆：重庆出版社，2013.6
（问东问西小百科）
ISBN 978-7-229-06715-1

Ⅰ.①怪… Ⅱ.①龚… Ⅲ.①南极—儿童读物②北极
—儿童读物 Ⅳ.①P941.6-49

中国版本图书馆CIP数据核字（2013）第 137404 号

问东问西小百科

怪怪自然
南极和北极，哪边更冷？

总 策 划	邢 涛	邮 编	400016
主 编	龚 勋	网 址	http://www.cqph.com
设计制作	北京创世卓越文化有限公司	电 话	023-68809452
图片提供	全景视觉等	发 行	重庆出版集团图书
出 版 人	罗小卫		发行有限公司发行
责任编辑	郭玉洁　李云伟	经 销	全国新华书店经销
责任校对	刘 艳	印 刷	北京丰富彩艺印刷有限公司
印 制	张晓东	开 本	889mm×1194mm 1/24
出 版	重庆出版集团 重庆出版社 出品 果壳文化传播公司 出品	印 张	5
		字 数	60 千
		版 次	2013 年 7 月第 1 版
地 址	重庆长江二路 205 号	印 次	2013 年 7 月第 1 次印刷
		书 号	ISBN 978-7-229-06715-1
		定 价	18.00 元